Python
高阶程序设计与实践

闫雷鸣　王海彬　马利◎编著

清華大学出版社

北京

内 容 简 介

Python 语言因其简单易学、应用广泛，已经成为国内外广泛使用的程序设计语言，适合高等学校文、理、工各科学生学习。本书基于 Python 3.x，系统讲解了多种实用性强的工具包和开发技术并提供了丰富的应用案例。全书共 5 章，讲述基于 Python 的数据统计分析、网络编程、并行计算、GUI 编程和 Web 编程。

本书侧重实际应用，突出了创新实践应用和大数据分析所需的相关程序设计技术，提供了具有实践价值的应用案例。本书结构合理，通俗易懂，既可作为 Python 语言高级程序设计教程，又可作为计算机创新实践应用的参考用书。

图书在版编目（CIP）数据

Python 高阶程序设计与实践/闫雷鸣，王海彬，马利编著. —北京：清华大学出版社，2022.1
（2023.1重印）

ISBN 978-7-302-58879-5

Ⅰ.①P⋯　Ⅱ.①闫⋯ ②王⋯ ③马⋯　Ⅲ.①软件工具－程序设计　Ⅳ.①TP311.561

中国版本图书馆 CIP 数据核字（2021）第 159794 号

责任编辑：袁勤勇　杨　枫
封面设计：杨玉兰
责任校对：胡伟民
责任印制：宋　林

出版发行：清华大学出版社

　　　　网　　　址：http://www.tup.com.cn，http://www.wqbook.com
　　　　地　　　址：北京清华大学学研大厦 A 座　　　　　邮　　编：100084
　　　　社 总 机：010-83470000　　　　　　　　　　　　邮　　购：010-62786544
　　　　投稿与读者服务：010-62776969，c-service@tup.tsinghua.edu.cn
　　　　质量反馈：010-62772015，zhiliang@tup.tsinghua.edu.cn
　　　　课件下载：http://www.tup.com.cn，010-83470236

印 装 者：三河市龙大印装有限公司
经　　销：全国新华书店
开　　本：185mm×260mm　　　　印　　张：11.75　　　　字　　数：297 千字
版　　次：2022 年 1 月第 1 版　　　　　　　　　　　　印　　次：2023 年 1 月第 4 次印刷
定　　价：49.00 元

产品编号：092978-01

前言

Python 语言具有简洁、易读、易扩展的良好特性，目前在世界最流行编程语言 TIOBE 排行榜中位列第三，是世界顶尖大学里最受欢迎的计算机编程入门语言之一，并被广泛应用到人工智能、大数据分析、信息安全、云计算、科学计算、金融分析等众多领域。

对很多人来说，学习程序设计可能是非常困难的，当投入大量精力学会某种程序设计语言的语法之后，可能会发现自己只能编写一些简单的代码，距离解决实际问题还有很大一段距离。

Python 给广大读者带来另一种选择——轻松掌握语法，并能立刻用其解决实际生活中的复杂问题。Python 的语法十分符合人类思维习惯，对经济管理、金融分析，甚至于各文科类专业来说，Python 都是一门非常合适的程序设计语言，不需要纠结复杂的算法设计，只需把精力集中于要解决的问题即可。对于那些希望快速完成开发的程序员来说，Python 非常适合迭代地快速开发。对于科研人员来说，在计算机、生物、化学、数学统计、仿真分析、医学图像分析等各个领域中都可以找到 Python 被成功应用的案例。

本书在简明讲解相关理论的基础上，针对创新实践应用提供了大量的实用性代码和案例，可以直接应用。希望通过实用性案例的讲解，帮助读者快速从"学"跨入"用"的状态。

本书共 5 章，主要讲解实践应用开发中需要的各种工具包和开发技术等。具体章节及内容简介如下。

第 1 章数据统计分析，讲解两个主流的数据分析工具 NumPy 和 Pandas，学习基本的数据处理方法。

第 2 章网络编程，在介绍网络通信原理的基础上讲解了 Socket 网络编程技术，并围绕应用场景讲解了基于 HTTP 和 HTTPS 的通信和网络爬虫的实现，自动收发 E-mail 的实现。

第 3 章并行计算，结合示例深入浅出地讲解 Python 如何实现多进程和多线程编程，为大数据分析、高性能编程奠定基础。

第 4 章 GUI 编程，主要介绍基于 Tkinter 的图形界面设计方法。

第 5 章 Web 编程，主要介绍 Web 开发的常用框架，基于 Flask 框架的 Web 开发技术。

通过本书的学习,读者可以较为深入地掌握 Python 高阶编程技术,能解决常见数据统计分析、网络应用开发、高性能计算、图形界面设计以及 Web 开发等任务,并为进一步学习人工智能的机器学习方法、深度学习开发奠定必要的程序设计基础。

闫雷鸣编写了第 1～3 章,王海彬编写了第 4、5 章,马利负责内容规划与统筹。参加本书资料整理、代码测试的有严璐绮、陈凯、严思敏、刘艳艳、陈健鹏、程立君、张岚钰、丁志静。本书编写过程中得到了课程组老师们的支持和帮助,在此一并感谢。编者在本书的修订编写过程中参考了大量资料,有些已经在参考文献中列出,有些因为多次辗转引用,已无法找到原始作者,在此表示歉意和感谢。清华大学出版社对本书给予了大力帮助和支持,在此对其表示由衷的感谢。

鉴于编者水平有限,书中难免出现错误和不当之处,殷切希望各位读者提出宝贵意见,并恳请各位专家、学者给予批评指正。

编 者
2021 年 3 月

目 录

第 1 章

数据统计分析

1.1 导学

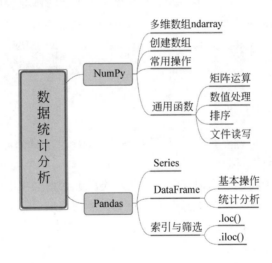

学习目标:

- 理解 ndarray 多维数组结构。
- 掌握 NumPy 数组的创建和元素索引。
- 掌握 NumPy 常用通用函数的用法。
- 理解 Pandas 的 Series 和 DataFrame 数据结构。
- 掌握 DataFrame 对象的创建与操作方法。

本章主要讲解常用统计分析工具 NumPy 和 Pandas 的使用。通过学习 NumPy 数组操作与通用函数,可快速实现复杂的矩阵计算和线性代数计算;借助 Pandas,仅需少量编码就可以完成复杂的数据处理任务。

1.2 NumPy 数组

NumPy 是一个开源的 Python 科学计算基础包。它提供了多维数组对象，可以方便地构造向量和矩阵；提供了丰富的多维数组操作方法，包括数组形状操作、排序、筛选、输入输出、数学、逻辑、离散傅里叶变换、基本线性代数、基本统计运算和随机模拟等。NumPy 是用 C 语言开发的，并内置了并行处理功能，所以执行效率非常高。大量 Python 开源科学计算工具都是基于 NumPy 架构的。

NumPy 模拟了 MATLAB 的常用功能，开发 NumPy 库是为了让 Python 也具有和 MATLAB 一样强大的数值计算能力。NumPy 通常与 SciPy（Scientific Python）和 matplotlib（绘图库）一起使用。这种组合广泛用于替代 MATLAB，是一个流行的技术计算平台。Python 作为 MATLAB 的替代方案，现在被视为一种更加现代和完整的编程语言。NumPy 是开源的，这是它相对于 MATLAB 的一个额外优势。

使用 NumPy，开发人员可以执行以下操作：

（1）数组的算术和逻辑运算。

（2）傅里叶变换和图形操作。

（3）与线性代数有关的操作。NumPy 拥有线性代数和随机数生成的内置功能函数。

我们首先介绍 NumPy 多维数组 ndarray 及其创建和常用操作。

首先，NumPy 是 Python 的外部库，使用前需要先导入 NumPy。

```
import numpy as np
```

1.2.1 多维数组 ndarray

NumPy 最重要的一个特点是其 N 维数组对象 ndarray。ndarray 是一系列相同类型数据的集合，结合整数索引，下标从 0 开始。

ndarray 对象是一种在连续的内存空间存放同类型元素的多维数组。

ndarray 中的每个元素在内存中都有相同存储大小的区域。

ndarray 内部有以下内存结构，如图 1-1 所示。

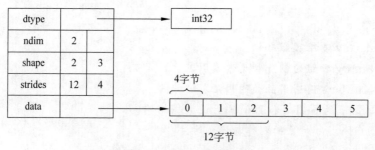

图 1-1　ndarray 内存结构

（1）数据类型（dtype），描述元素数据的类型。

（2）数组维度（ndim），描述数组的维度。

（3）数组形状（shape），是一个元组类型的属性，描述各维度的大小。

（4）跨度属性（strides），是一个元组类型的属性，第一个数值对应一行元素占用的内存字节数，第二个数值为一个元素需要"跨过"的字节数。跨度可以是负数。

（5）数据指针（data），指向数据的存储地址。

1.创建数组对象

创建多维数组很简单，可以使用 numpy.array() 方法，它接收一切序列型的对象（包括其他数组），然后生成一个新的 NumPy 数组。

```
numpy.array(object, dtype=None, copy=True, order=None, subok=False, ndmin=0)
```

使用 array() 方法，可以利用一个列表或元组生成多维数组，基本语法形式如下：

```
import numpy as np
a=np.array([1,2,3,4])
b=np.array((5,6,7,8),dtype=np.float32)
c=np.array([[1,2,3,4],[4,5,6,7],[7,8,9,10]])
```

array() 方法中的参数说明如表 1-1 所示。

表 1-1　array() 参数说明

名　　称	说　　明
object	数组或嵌套的数列
dtype	NumPy 的数据类型
copy	表示是否复制数据，默认为 True
order	创建数组的样式，C 为行方向，F 为列方向，取值 A 或 K，将根据情况决定
subok	默认返回一个与基本类型一致的数组
ndmin	指定生成数组的最小维度

表 1-2 列出了 NumPy 数组中比较重要的 ndarray 对象属性。

表 1-2　ndarray 对象属性

属　　性	说　　明
data	包含实际数组元素的缓冲区，由于一般通过数组的索引获取元素，通常不需要使用这个属性
ndim	轴的数量或者维度的数量
dtype	ndarray 对象的元素类型
size	数组元素总个数
shape	返回数组的维度
itemsize	ndarray 对象中每个元素的大小

续表

属　性	说　明
flags	ndarray 对象的内存信息
real	ndarray 元素的实部
imag	ndarray 元素的虚部

2. NumPy 数据类型

NumPy 支持的数据类型(dtype)比 Python 内置类型丰富。初学者暂时只需要关注基本数据类型,例如整数和浮点数。

创建数组时,可以设定数据类型,例如:

```
b=np.array((5,6,7,8),dtype=np.float32)
```

表 1-3 列举了常用 NumPy 数据类型,使用这些数据类型时通常需要添加前缀,若 import 时 NumPy 的名字被定为 np,则前缀为"np."。

表 1-3　NumPy 数据类型

名　称	说　明
np.bool_	布尔型数据类型(True 或者 False)
np.int_	默认的整数类型(类似于 C 语言中的 long,int32 或 int64)
np.intc	与 C 的 int 类型一样,一般是 int32 或 int64
np.intp	用于索引的整数类型(类似于 C 的 ssize_t,一般情况下仍然是 int32 或 int64)
np.int8	短整数($-128\sim127$)
np.int16	双字节整数($-32768\sim32767$)
np.int32	较长整数($-2147483648\sim2147483647$)
np.int64	长整数($-9223372036854775808\sim9223372036854775807$)
np.uint8	无符号短整数($0\sim255$)
np.uint16	无符号整数($0\sim65535$)
np.uint32	无符号整数($0\sim4294967295$)
np.uint64	无符号整数($0\sim18446744073709551615$)
np.float_	float64 类型的简写
np.float16	半精度浮点数,包括 1 个符号位、5 个指数位、10 个尾数位
np.float32	单精度浮点数,包括 1 个符号位、8 个指数位、23 个尾数位
np.float64	双精度浮点数,包括 1 个符号位、11 个指数位、52 个尾数位
np.complex_	complex128 类型的简写,即 128 位复数
np.complex64	复数,表示双 32 位浮点数(实数部分和虚数部分)
np.complex128	复数,表示双 64 位浮点数(实数部分和虚数部分)

NumPy 的数值类型实际上就是 dtype 对象的实例,每一个数值类型对应唯一的字符,包括 np.bool_、np.int32、np.uint32 等。表 1-4 展示的每一个数据类型都有唯一定义的字符代码。

表 1-4 字符以及对应数据类型

字符	对应类型	字符	对应类型
b	布尔型	M	datetime
i	有符号整型 integer	O	Python 对象
u	无符号整型 integer	S,a	byte 字符串
f	浮点型	U	Unicode
c	复数浮点型	V	void 原始数据
m	timedelta		

3. NumPy 数组的轴

NumPy 数组的维数称为秩(rank)。一维数组的秩是 1,二维数组的秩是 2,以此类推。

在 NumPy 中,维度方向被称为轴(axis),轴的数量就是数组的维度(dimension)。如果用户定义了一个二维数组,则二维数组拥有两个维度,垂直方向自顶向下被称为 0 号轴,水平方向自左向右被称为 1 号轴。

若在方法中设置 axis=0,则表示沿着第 0 轴进行操作,即对每一列进行操作;axis=1,表示沿着第 1 轴进行操作,即对每一行进行操作,如图 1-2 所示。

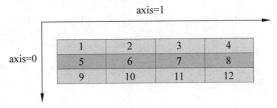

图 1-2 二维数组 axis 属性含义

【例 1-1】 使用 axis 对二维数组的行与列分别进行求和

```
import numpy as np
a=np.array([[1,2,3],[4,5,6],[7,8,9]])
print("列操作,输出 ndarray 每列的和")
print(np.sum(a,axis=0))
print("行操作,输出 ndarray 每行的和")
print(np.sum(a,axis=1))
```

运行结果:

```
列操作,输出 ndarray 每列的和
[12 15 18]
行操作,输出 ndarray 每行的和
```

$$[\ 6\ 15\ 24\ ]$$

如例 1-1 所示,当 axis＝0 时对列求和,当 axis＝1 时对行求和。

当数组是三维数组时,axis＝1,表示对第 1 轴进行操作,即对每一列进行操作;axis＝2,表示沿着第 2 轴进行操作,即对每一行进行操作,如图 1-3 所示。

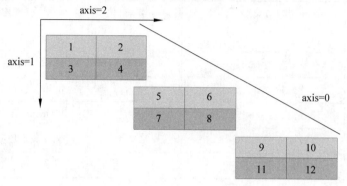

图 1-3　三维数组时 axis 参数含义

4. shape 属性

数组对象的 shape 属性可用于查看维数,返回一个包含数组维度的元组。元组的长度即维度,对应 ndim 属性(秩)。

使用 shape 属性可以方便地查看数组维度信息。

```python
import numpy as np
a=np.array([[1,2,3,4],[4,5,6,7],[7,8,9,10]])
print("输出 ndarray 的维数")
print(a.shape)
print(a.shape[0])
print(a.shape[1])
b=np.array([1,2,3,4])
print(b.shape)
print(b.shape[0])
```

运行结果:

```
(3, 4)
3
4
(4,)
4
```

a.shape 返回一个元组,a.shape[0]表示行数,a.shape[1]表示列数。注意,对于一维数组,b.shape 返回只含有一个数值的元组,shape[0]并不表示行数,而是数组中元素个数。

通过修改 shape 属性也可以调整数组大小。可以用一个元组,直接给 shape 赋值,元组的括号可以省略。设定维度数值时,如果只剩一个维度的值,可以设为－1,让系统自动计算正确的数值,以简化编码工作。

```
a=np.array([[1,2,3,4],[4,5,6,7],[7,8,9,10]])
print("调整维数")
a.shape=(2,6)
print(a)
print("调整维数")
a.shape=4,-1
print(a)
```

运行结果：

```
调整维数
[[ 1  2  3  4  4  5]
 [ 6  7  7  8  9 10]]
调整维数
[[ 1  2  3]
 [ 4  4  5]
 [ 6  7  7]
 [ 8  9 10]]
```

NumPy 也提供了 reshape 功能调整数组大小。注意，此处的 reshape() 方法不会修改对象本身，而是把修改的结果返回。

```
a=np.array([[1,2,3,4],[4,5,6,7],[7,8,9,10]])
print("使用 reshape 赋值以调整 ndarray 的大小")
b=a.reshape(2,6)
print(b)
```

运行结果：

```
[[ 1  2  3  4  4  5]
 [ 6  7  7  8  9 10]]
```

5. ndim 属性

数组对象的 ndim 属性返回数组的维数，dim 代表英文维度（dimension）。例如，一维数组 ndim 值为 1，二维数组 ndim 值为 2。

创建一个等差数列，调整其维度，然后观察 ndim：

```
a=np.arange(18)          #生成一个等差数列,0~17
b=a.reshape(2,3,3,1)
print("输出 a 的维度")
print (a.ndim)#a 为一维数组
print("输出 b 的维度")
print (b.ndim)#b 为四维数组
```

运行结果：

```
输出 a 的维度
1
输出 b 的维度
```

4

这里使用了方法 arange() 来自动生成一个数组,并填充必要的数据,以避免手工输入数据。NumPy 提供了多种自动生成数组的方法。

1.2.2 自动生成数组

当需要快速生成一些填充了数值的数组时,可以使用 NumPy 提供的方法创建满足某些要求的特殊数组,例如生成等差数列、等比数列、随机矩阵以及全 0 矩阵、全 1 矩阵等。

1. numpy.arange()

arange() 方法是 Python 内置方法 range() 的数组版本,它根据[a,b]指定范围以及 step 设定的步长生成一个 ndarray 对象。arange() 方法参数说明如表 1-5 所示。

```
numpy.arange(start,stop,step,dtype)
```

表 1-5　arange 方法参数说明

参　　数	说　　明
start	起始值,默认是 0
stop	ndarray 数组终止值(不被包含在数组内)
step	ndarray 步长,默认是 1
dtype	返回 ndarray 的数据类型。默认为输入数据的数据类型

【例 1-2】　使用 arange() 生成 ndarray 数组

```
import numpy as np
ndarray1=np.arange(10)            #产生 0~9 共 10 个元素
ndarray2=np.arange(10, 20)        #产生从 10~19 共 10 个元素
ndarray3=np.arange(0, 10, 2)      #产生 0 2 4 6 8, 间隔为 2
print(ndarray1)
print(ndarray2)
print(ndarray3)
```

运行结果:

```
[0 1 2 3 4 5 6 7 8 9]
[10 11 12 13 14 15 16 17 18 19]
[0 2 4 6 8]
```

如例 1-2 所示,arange() 与 range() 用法类似。arange(a)将产生从 0 开始到 $a-1$ 终止的元素,arange(a,b)产生从 a 开始到 $b-1$ 终止的元素,arange(a,b,c)产生从 a 开始到 b 终止且间隔为 c 的共$(b-a)/c$个元素。

2. numpy.linspace()

numpy.linspace() 方法将创建一个由等差数列构成的一维数组,其格式如下所示,参数说明如表 1-6 所示。

```
np.linspace(start, stop, num=50, endpoint=True, retstep=False, dtype=None)
```

表 1-6   linspace 方法的参数说明

参　数	说　　明
start	序列的起始值
stop	序列的终止值。如果 endpoint 参数为 True,则该终止值包含于数列中
num	数量,默认为 50
endpoint	该值为 True 时,数列中包含 stop 值,反之 stop 值不包含在数组中。默认是 True
retstep	该值为 True 时,生成的数组中能够显示间距,反之不显示间距
dtype	ndarray 的数据类型

【例 1-3】　使用 linspace()创建数组

```
import numpy as np
ndarray1=np.linspace(1,5,5)    #利用三个参数,设置起始点为1,终止点为5,数列个数为5
ndarray2=np.linspace(1,1,5)    #利用三个参数,设置元素全部为1的等差数列
ndarray3=np.linspace(0,10,5,endpoint=False)    #将 endpoint 设为 false,数组不包含
                                               终止值
ndarray4=np.linspace(1,10,10,retstep=True)    #显示设置间距
print(ndarray1)
print(ndarray2)
print(ndarray3)
print(ndarray4)
```

运行结果:

```
[1., 2., 3., 4., 5.]
[1., 1., 1., 1., 1.]
[0. 2. 4. 6. 8.]
(array([ 1.,  2.,  3.,  4.,  5.,  6.,  7.,  8.,  9., 10.]), 1.0)
```

如例 1-3 所示,ndarray1 利用三个参数,设置起始点为1,终止点为5,数列个数为5,于是生成[1.,2.,3.,4.,5.]数组;ndarray2 利用三个参数,设置起始点为1,终止点为1,所以输出元素全部为1的等差数列;ndarray3 的 endpoint 设置为 False,所以输出数组不包含10。ndarray4 参数 retstep 设置为 True,所以输出数组最后显示设置的间距。

3. numpy.logspace()

numpy.logspace()将创建一个由等比数列构成的一维数组,其基本调用格式如下:

```
np.logspace(start, stop, num=50, endpoint=True, base=10, dtype=None)
```

该方法的参数说明如表 1-7 所示。

表 1-7 logspace 方法的参数说明

参　数	说　　明
start	序列的起始值为 base**start(base 的 start 次方)
stop	序列的终止值为 base**stop(base 的 stop 次方)。如果 endpoint 参数为 True,则该终止值包含于数列中
num	数量,默认为 50
endpoint	该值为 True 时,数列中包含 stop 值,反之 stop 值不包含在数组中。默认是 True
base	对数 log 的底数
dtype	ndarray 的数据类型

【例 1-4】　使用 numpy.logspace()方法创建数组

```
import numpy as np
#默认底数是 10
ndarray=np.logspace(1, 5, num=5,base=2)
print (ndarray)
```

运行结果:

```
[ 2., 4., 8., 16., 32.]
```

如例 1-4 所示,logspace()方法共设置了 4 个参数。第四个参数 base 设置为 2;第一个参数 start 设为 1,代表序列起始值为 2 的 1 次方,即 2;第二个参数设置为 5,代表终止值为 2 的 5 次方,即 32;num 设置为 5,代表从 2 与 32 之间中找 5 个数构成等比数列(包括 2 与 32)。

4. numpy.zeros()和 zeros_like()

zeros()、zeros_like()方法用于创建数组,数组元素默认是 0。注意 zeros_like()方法只是根据传入的 ndarray 数组的 shape 来创建所有元素为 0 的数组,并非复制源数组中的数据。

```
numpy.zeros(shape,dtype=float,order='C')
```

zeros()各参数的说明如表 1-8 所示。

表 1-8 zeros 的参数说明

参数	说　　明
shape	数组形状
dtype	数据类型,可选
order	"C"行优先,"F"列优先,选择数据在内存中存储元素的顺序

【例 1-5】　zeros()方法创建数组

```
#numpy 默认设置为浮点数
```

```
x=np.zeros(6)
print(x)
#设置 numpy 类型为整数
y=np.zeros((6,), dtype=np.int)
print(y)
#用户自定义类型
z=np.zeros((3,2), dtype=[('x', 'i4'), ('y', 'i4')])
print(z)
```

运行结果：

```
[0., 0., 0., 0., 0., 0.]
[0, 0, 0, 0, 0, 0]
[[(0, 0) (0, 0)]
 [(0, 0) (0, 0)]
 [(0, 0) (0, 0)]]
```

如例 1-5 所示，可以发现 zeros()方法生成的 ndarray 数组默认为浮点型数字；用户可以通过给 dtype 参数赋值，设定需要的数据类型。

【例 1-6】 使用 zeros_like()创建数组，并与 zeros()方法对比

```
import numpy as np
ndarray1=np.zeros(5)
#按照 ndarray1 的 shape 创建数组
ndarray2=np.zeros_like(ndarray1)
print("以下为数组类型:")
print('ndarray1:', type(ndarray1))
print('ndarray2:', type(ndarray2))
print("以下为数组元素类型:")
print('ndarray1:', ndarray1.dtype)
print('ndarray2:', ndarray2.dtype)
print("以下为数组形状:")
print('ndarray1:', ndarray1.shape)
print('ndarray2:', ndarray2.shape)
```

运行结果：

```
ndarray1: <class 'numpy.ndarray'>
ndarray2: <class 'numpy.ndarray'>
以下为数组元素类型:
ndarray1: float64
ndarray2: float64
以下为数组形状:
ndarray1: (5,)
ndarray2: (5,)
```

5. numpy.empty()和 numpy.empty_like()

empty()和 empty_like()方法用于创建空数组，但是空数组中的数据并不为 0，而是未

初始化的随机值,基本调用格式如下:

```
numpy.empty(shape,dtype=int,order='C')
```

【例 1-7】 使用 empty()和 empty_like()方法创建 numpy 数组

```
import numpy as np
ndarray1=np.empty(5)
ndarray2=np.empty((2, 3))
ndarray3=np.empty_like(ndarray1)
print(ndarray1)
print(ndarray2)
print(ndarray3)
```

运行结果:

```
[2.64407022e+108, 5.57089698e-309, 3.64700223e-258, 2.49468481e-306,
7.01702050e-292]
[[6.23042070e-307, 3.56043053e-307, 1.37961641e-306]
[2.22518251e-306, 1.33511969e-306, 2.22507386e-307]]
[9.90263869e+067, 8.01304531e+262, 2.60799828e-310, 1.90707497e+228,
2.46052841e-154]
```

如例 1-7 所示,使用 empty()、empty_like()方法的 ndarray 数组均是不规则随机浮点数。empty_like()方法只是生成了和原数组形状与类型相同的数组,但是数值并没有传递。

6. numpy.ones()和 ones_like()

ones()与 ones_like()方法均用于创建所有元素都为 1 的数组,ones_like()用法和 zeros_like()用法相同。

【例 1-8】 使用 ones()和 ones_like()方法创建 ndarray 数组

```
import numpy as np
#创建数组,元素默认值是 0
ndarray1=np.ones((3, 3))
#修改元素的值
ndarray1[0][1]=999
#按照 ndarray1 的 shape 创建数组
ndarray2=np.ones_like(ndarray1)
print(ndarray1)
print(ndarray2)
```

运行结果:

```
[[  1., 999.,   1.]
 [ 1.,   1.,   1.]
 [ 1.,   1.,   1.]]
[[1., 1., 1.]
 [1., 1., 1.]
 [1., 1., 1.]]
```

如例 1-8 所示,使用 ones()或 ones_like()方法创建的 ndarray 数组的元素均为 1。ones
_like()只是生成了和原数组形状与类型相同的数组,但是数值并没有传递。

7. numpy.eye()

eye()方法用于创建 $N \times N$ 的单位矩阵,主对角线元素都为 1,其余元素为 0,基本用法
如下。

```
import numpy as np
ndarray1=np.eye(3)
print(ndarray1)
```

运行结果:

```
[[1., 0., 0.]
 [0., 1., 0.]
 [0., 0., 1.]]
```

1.2.3　存取元素

1. 用下标索引

ndarray 对象的元素可以通过索引或切片来访问或修改,与 Python 中列表的操作相
同,下标从 0 开始。切片操作可以在[]内写出范围,也可以通过内置的 slice()方法,并设置
start、stop 及 step 参数,从原数组中提取一个新数组。

slice()方法的参数说明如表 1-9 所示。

表 1-9　slice()方法的参数说明

参数	说　　明
start	选择起始位置
stop	选择结束位置(数组不包括此值)
step	间距

【例 1-9】　使用 slice()方法索引

用 arange()方法创建 ndarray 对象,该数组包含 0～9 所有整数,并使用 slice()方法选
择下标为 2、4、6 的元素。

```
import numpy as np
a=np.arange(10)
s=slice(2,8,2)          #从索引 2 开始到索引 7 停止,间隔为 2
print (a[s])
```

运行结果:

```
[2, 4, 6]
```

使用"[]"和":"符号进行切片操作更加方便。切片参数可以为用":"分隔的三个值,即
start:stop:step。

```
a=np.arange(10)
print(a[2:8:2]
```

运行结果：

```
[2, 4, 6]
```

可以看到，两种方法的效果相同。

如果只放置一个参数，如[2]，将返回与该索引相对应的单个元素。如果为[2:]，表示从该索引开始以后的所有元素都将被提取。如果使用了两个参数，如[2:5]，那么则提取两个索引之间（不包括右侧的下标5）的元素。

分别使用上述提到的三种方式对 ndarray 数组进行索引与切片：

```
ndarray1=np.arange(10)
print(ndarray1[3])
print(ndarray1[3:])
print(ndarray1[3:5])
```

运行结果：

```
3
[3, 4, 5, 6, 7, 8, 9]
[3, 4]
```

多维数组同样适用上述索引提取方法。分别使用上述提到的三种方式对二维数组索引与切片：

```
ndarray1=np.array([[1,2,3],[4,5,6],[7,8,9]])
print(ndarray1[1])
print(ndarray1[1:])
print(ndarray1[1:3])
```

运行结果：

```
[4, 5, 6]
[[4, 5, 6]
 [7, 8, 9]]
[[4, 5, 6]
 [7, 8, 9]]
```

观察上例可以发现，对二维数组进行切片操作就是对每个一维数组进行了操作。NumPy 的索引方式比 Python 序列更加丰富。

2. 整数数组索引

在 NumPy 中，数组除了可以被下标索引，还可以被整数数组索引。整数数组索引，是通过一个新数组中的元素来索引原数组中元素的方式。使用一维整型数组作为索引，如果目标是一维数组，那么索引的结果就是对应位置的元素；如果目标是二维数组，那么就是对应下标的行。

逐个元素索引二维数组的基本方式：

```
import numpy as np
ndarray1=np.array([[1,2,3],[4,5,6],[7,8,9]])
print(ndarray1[[1,2],[2,0]])
```

运行结果：

```
[6 7]
```

在上例中需要索引二维数组中的(1,2)(2,0)处元素位置，整数数组索引就是将需要索引的所有元素第一维度信息形成一个数组[1,2]，将第二维度信息形成一个数组[2,0]，NumPy依照这两个数组的信息去获取数据。

可以用一个列表按行索引二维数组：

```
import numpy as np
x=np.arange(16).reshape((8,2))
print (x[[0,1,6,7]])
```

运行结果：

```
[[ 0,  1]
 [ 2,  3]
 [12, 13]
 [14, 15]]
```

借助负值索引，可以实现数组的倒序索引：

```
import numpy as np
x=np.arange(16).reshape((8,2))
print (x[[-0,-1,-6,-7]])
```

运行结果：

```
[[ 0,  1]
 [14, 15]
 [ 4,  5]
 [ 2,  3]]
```

3. 布尔索引

可以通过一个布尔数组来索引目标数组。布尔索引通过布尔运算（如比较运算符）来获取符合指定条件的元素的数组。

【例1-10】 筛选数组中大于7的元素

```
import numpy as np
ndarray1=np.array([[1,2,3],[4,5,6],[7,8,9]])
print(ndarray1[ndarray1>7])
```

运行结果：

```
[8, 9]
```

如果需要提取数组中的复数元素，可以写为：

```
ndarray1=np.array([2,3+1j,7,6+2j])
print(ndarray1[np.iscomplex(ndarray1)])
```

运行结果：

```
[3.+1.j, 6.+2.j]
```

例 1-10 主要通过布尔运算，获得一个全是 True 或 False 的布尔数组，索引元素时只提取 True 对应位置的数值，从而实现上述功能。这个功能在数据筛选中非常重要。

4. 用迭代器访问元素

numpy.ndarray.flat 属性是一个迭代器，可以将多维数组"拉直"成一维数组的形式，然后逐个元素访问。

【例 1-11】 获取数组元素迭代器

```
a=np.arange(9).reshape(3,3)
print ('原始数组：')
#按行遍历数组
for row in a:
    print (row)
#遍历数组中每个元素，可使用 flat 属性，它是一个数组元素迭代器
print ('拉直后迭代的数组：')
for element in a.flat:
    print (element, end=',')
```

运行结果：

```
[0, 1, 2]
[3, 4, 5]
[6, 7, 8]
拉直后迭代的数组：
0,1,2,3,4,5,6,7,8,
```

在例 1-11 中，flat()方法返回了一个数组元素迭代器，通过这个迭代器可以方便地遍历数组中的元素。

1.2.4 数组基本操作

1. 数组拉直

NumPy 提供了一个与 flat 属性作用相似的方法 numpy.ndarray.flatten()，该方法返回一份被拉直成一维数组的副本，而不会影响原始数组，调用格式如下：

```
ndarray.flatten(order='C')
```

参数说明：order 的取值包括'C'—按行，'F'—按列，'A'—原顺序，'K'—元素在内存中的出现顺序。

【例 1-12】 用 flatten()方法获取数组的展开

```
import numpy as np
```

```
a=np.arange(8).reshape(2,4)
print ('原数组: ')
print (a)
print ('\n')
#默认按行
print ('展开的数组: ')
print (a.flatten())
print ('\n')
print ('以 'F' 风格顺序展开的数组: ')
print (a.flatten(order='F'))
```

运行结果：

```
原数组:
[[0, 1, 2, 3]
 [4, 5, 6, 7]]
展开的数组:
[0, 1, 2, 3, 4, 5, 6, 7]
以 'F' 风格顺序展开的数组:
[0, 4, 1, 5, 2, 6, 3, 7]
```

在例 1-12 中，flatten() 方法可以将 $a \times b$ 形式的矩阵展开为 $1 \times n$ 的形式，方便进行遍历及后续操作。通过指定 order 参数，可以控制矩阵展开的方式。

2. 数组转置

与数组转置相关的方法如表 1-10 所示。

表 1-10　与数组转置相关的方法

方　法	说　　明	方　法	说　　明
transpose	转置数组的维度	rollaxis	向后滚动指定的轴
ndarray.T	和 selfe.transpose()相同	swapaxes	转置数组的两个轴

1）numpy.transpose()

用 transpose() 方法可以直接求得一个矩阵数组的转置，基本格式如下：

```
numpy.transpose(arr, axes)
```

其中第一个参数为要转置的数组，参数 axes 为整数列表，对应待转置的轴，默认无须设置。实现转置的代码如下：

```
import numpy as np
a=np.arange(12).reshape(3,4)
print ('原数组: ')
print (a )
print ('\n')
print ('转置数组: ')
print (np.transpose(a))
```

运行结果：

原数组：

```
[[ 0,  1,  2,  3]
 [ 4,  5,  6,  7]
 [ 8,  9, 10, 11]]
```

转置数组：

```
[[ 0,  4,  8]
 [ 1,  5,  9]
 [ 2,  6, 10]
 [ 3,  7, 11]]
```

实现转置更简便的方法是 a.T，可以直接返回转置结果。

2）numpy.rollaxis()

numpy.rollaxis()方法将给定的矩阵数组向后滚动特定的轴到一个特定位置，格式如下：

```
numpy.rollaxis(arr, axis, start)
```

表 1-11 是 numpy.rollaxis()的参数说明。

表 1-11　numpy.rollaxis 参数说明

参　　数	说　　明
arr	要操作的数组
axis	要向后滚动的轴，其他轴的相对位置不会改变
start	指定滚动到的特定位置。默认为零，表示完整的滚动

【例 1-13】　用 rollaxis 方法对矩阵数组进行滚动

```
import numpy as np
#创建了三维的 ndarray
a=np.arange(8).reshape(2,2,2)
print ('原数组: ')
print (a)
print ('\n')
#将轴 2 滚动到轴 0(宽度到深度)
print ('调用 rollaxis 方法: ')
print (np.rollaxis(a,2))
#将轴 0 滚动到轴 1: (宽度到高度)
print ('\n')
print ('调用 rollaxis 方法: ')
print (np.rollaxis(a,2,1))
```

运行结果：

原数组：

```
[[[0, 1]
```

```
   [2, 3]]
  [[4, 5]
   [6, 7]]]
调用 rollaxis 方法:
 [[[0, 2]
   [4, 6]]
  [[1, 3]
   [5, 7]]]
调用 rollaxis 方法:
 [[[0, 2]
   [1, 3]]
  [[4, 6]
   [5, 7]]]
```

如例 1-13 所示,以元素 5 为例,5 原本的下标为[1,0,1],程序运行 np.rollaxis(a,2)时,将轴 2 滚动到了轴 0 前面,即 5(101)-->6(110),其他轴相对 2 轴位置不变(start 默认 0),数组下标排序由 0,1,2 变成了 1,2,0。

3) numpy.swapaxes()

numpy.swapaxes()方法用于交换数组的两个轴,格式如下:

```
numpy.swapaxes(arr, axis1, axis2)
```

表 1-12 是 numpy.swapaxes 的参数说明。

表 1-12　numpy.swapaxes 参数说明

参　数	说　明
arr	要操作的数组
axis1	对应第一个轴的整数
axis2	对应第二个轴的整数

【例 1-14】　用 swapaxes()交换矩阵数组的轴

```
import numpy as np
#创建了三维的 ndarray
a=np.arange(8).reshape(2,2,2)
print ('原数组: ')
print (a)
print ('\n')
#现在交换轴 0(深度方向)到轴 2(宽度方向)
print ('调用 swapaxes 方法后的数组: ')
print (np.swapaxes(a, 2, 0))
```

运行结果:

原数组:
[[[0, 1]

```
    [2, 3]]
 [[4, 5]
    [6, 7]]]
```
调用 swapaxes 方法后的数组：
```
[[[0, 4]
    [2, 6]]
 [[1, 5]
    [3, 7]]]
```

在例 1-14 中，以元素 3 为例，原来元素 3 在数组矩阵中的下标是[0,1,1]。将第一列下标和第三列下标交换后变为[1,1,0]，即调用 swapaxes 后元素 3 的位置。

3. 数组元素的添加与删除

数组元素添加与删除的常用方法如表 1-13 所示。

表 1-13　矩阵数组元素添加与删除的常用方法

方法	说　　明
resize	返回指定形状的新数组
append	将值添加到数组末尾
insert	沿指定轴将值插入到指定下标之前
delete	删除某个轴的子数组，并返回删除后的新数组
unique	查找数组内唯一元素，去除数组内的重复元素

1）numpy.resize()

numpy.resize()方法返回指定大小的新数组。如果新数组尺寸大于原始尺寸，则包含原始数组中的元素的副本。

```
numpy.resize(arr, shape)
```

表 1-14 是 resize()方法的参数说明。

表 1-14　resize 的参数说明

参数	说　　明
arr	需要修改的矩阵数组
shape	返回数组的新形状

【例 1-15】　用 resize()方法修改矩阵数组的大小

```
import numpy as np
ndarray1=np.array([[1,2,3],[4,5,6],[7,8,9]])
ndarray2=np.resize(ndarray1,(3,4))
print(ndarray2)
```

运行结果：

```
[[1, 2, 3, 4]
 [5, 6, 7, 8]
 [9, 1, 2, 3]]
```

如例 1-15 所示,原数组为 3×3,新数组为 3×4,由于新数组尺寸大于原始尺寸,因此在新数组末尾各添加了原始数组最初始的三个值作为填充。

2) numpy.append()

numpy.append()方法在数组的末尾添加值。追加操作会分配整个数组,并把原来的数组复制到新数组中。输入数组的维度必须匹配否则将导致 ValueError。append()方法返回的始终是一个一维数组。

```
numpy.append(arr, values, axis=None)
```

表 1-15 是 numpy.append 的参数说明。

表 1-15 numpy.append 的参数说明

参数	说　　明
arr	需要修改的矩阵数组
values	要向 arr 添加的值,需要和 arr 形状相同(除了要添加的轴)
axis	默认为 None。当 axis 无赋值时,将把数值拉直,返回一个一维数组;当 axis=0 时,数组加在行上,列数不变(列数要相同)。当 axis=1 时,数组加在列上,行数不变(行数要相同)

【例 1-16】 使用 append()方法修改矩阵数组

分别在一个 3×3 数组末尾、轴 0 方向、轴 1 方向添加数据 10、11、12。

```python
import numpy as np
ndarray1=np.array([[1,2,3],[4,5,6],[7,8,9]])
print('第一个数组: ')
print(ndarray1)
print('\n')
print('向数组添加元素: ')
print(np.append(ndarray1, [10,11,12]))
print('\n')
print('沿轴 0 添加元素: ')
print(np.append(ndarray1, [[10,11,12]],axis=0))
print('\n')
print('沿轴 1 添加元素: ')
print(np.append(ndarray1 , [[10],[11],[12]],axis=1))
```

运行结果:

第一个数组:
```
[[1, 2, 3]
 [4, 5, 6]
 [7, 8, 9]]
```
向数组添加元素:

```
[ 1,  2,  3,  4,  5,  6,  7,  8,  9, 10, 11, 12]
```
沿轴 0 添加元素：
```
[[ 1,  2,  3]
 [ 4,  5,  6]
 [ 7,  8,  9]
 [10, 11, 12]]
```
沿轴 1 添加元素：
```
[[ 1,  2,  3, 10]
 [ 4,  5,  6, 11]
 [ 7,  8,  9, 12]]
```

3) numpy.insert()

numpy.insert()方法在给定索引位置之前,沿给定轴在数组中插入值。待插入的数值的类型转换为目标数组的数值类型。此外,如果没有给定轴,则默认先对 arr 进行 flatten 操作,变为一维数组,然后再在对应的位置上插入相应的值。

```
numpy.insert(arr, obj, values, axis)
```

insert()方法的参数说明如表 1-16 所示。

表 1-16　insert 方法的参数

参数	说　　明
arr	待插入的目标数组
obj	在其之前插入值的索引
values	要插入的值
axis	沿其插入的轴,如果未指定,则默认先对 arr 进行 flatten 操作,变为一维数组,然后再在对应的位置上插入相应的值

【例 1-17】　insert()方法的使用

```
import numpy as np
a=np.array([[1,2],[3,4],[5,6]])
print('第一个数组：')
print(a)
print('\n')
print('未传递 Axis 参数。在插入之前输入数组会被展开。')
print(np.insert(a,3,[11,12]))
print('\n')
print('传递了 Axis 参数。会广播值数组来配输入数组。')
print('沿轴 0 广播：')
print(np.insert(a,1,[11],axis=0))
print('\n')
print('沿轴 1 广播：')
print(np.insert(a,1,11,axis=1))
```

运行结果：

第一个数组：

[[1, 2]

[3, 4]

[5, 6]]

未传递 Axis 参数。在插入之前输入数组会被展开。

[1, 2, 3, 11, 12, 4, 5, 6]

传递了 Axis 参数。会广播值数组来配输入数组。

沿轴 0 广播：

[[1, 2]

[11, 11]

[3, 4]

[5, 6]]

沿轴 1 广播：

[[1, 11, 2]

[3, 11, 4]

[5, 11, 6]]

如例 1-17 所示，除 arr 外的 3 个参数都会影响插入后矩阵数组的形状。在使用 insert()
方法对矩阵数组进行修改后，应检查新矩阵是否为目标矩阵。

4）numpy.delete()

numpy.delete()方法返回从输入数组中删除指定子数组的新数组。与 insert()方法的情
况相同，如果没有指定轴，则默认先对 arr 进行 flatten 操作，变为一维数组，然后再在对应的
位置上删除相应的值。

```
NumPy.delete(arr, obj, axis)
```

表 1-17 是 numpy.delete()的参数说明。

表 1-17 numpy.delete()方法的参数

参数	说　　明
arr	待操作的数组
obj	待从输入数组删除的子数组
axis	沿其删除给定子数组的轴；如果没有指定轴，则默认先对 arr 进行 flatten 操作，变为一维数组，然后再在对应的位置上删除相应的值

【例 1-18】 delete()方法的使用

```
import numpy as np
a=np.arange(12).reshape(3,4)
print('第一个数组：')
print(a)
print('\n')
print('未传递 Axis 参数。在插入之前输入数组会被展开。')
print(np.delete(a,5))
print('\n')
```

```
print('删除第二列：')
print(np.delete(a,1,axis=1))
print('\n')
print('包含从数组中删除的替代值的切片：')
a=np.array([1,2,3,4,5,6,7,8,9,10])
print(np.delete(a, np.s_[::2]))
```

运行结果：

第一个数组：

[[0, 1, 2 3]
 [4, 5, 6, 7]
 [8, 9, 10, 11]]

未传递 Axis 参数。在插入之前输入数组会被展开。

[0, 1, 2, 3, 4, 6, 7, 8, 9, 10, 11]

删除第二列：

[[0, 2, 3]
 [4, 6, 7]
 [8, 10, 11]]

包含从数组中删除的替代值的切片：

[2, 4, 6, 8, 10]

例 1-18 展示了 delete()方法的多种使用方法，最后的 np.s_[::2]其实是步长为 2 的循环的简便写法，其结果为[1,3,5,7,9]，原数组进行删除操作后得到[2,4,6,8,10]。

5）numpy.unique()

numpy.unique()方法用于去除数组中的重复元素，其参数如表 1-18 所示。

```
numpy.unique(arr, return_index, return_inverse, return_counts)
```

表 1-18　numpy.unique()方法的参数

参　　数	说　　明
arr	待操作的数组
return_index	如果为 True，返回新列表元素在旧列表中的位置（下标），并以列表形式存储
return_inverse	如果为 True，返回旧列表元素在新列表中的位置（下标），并以列表形式存储
return_counts	如果为 True，返回去重数组中的元素在原数组中的出现次数

【例 1-19】　使用 unique()方法去重

```
import numpy as np
a=np.array([5,2,6,2,7,5,6,8,2,9])
print('第一个数组：')
print(a)
print('\n')
print('第一个数组的去重值：')
u=np.unique(a)
print(u)
```

```
print('\n')
print('去重数组的索引数组：')
u,indices=np.unique(a, return_index=True)
print(indices)
print('\n')
print('我们可以看到每个和原数组下标对应的数值：')
print(a)
print('\n')
print('去重数组的下标：')
u,indices=np.unique(a,return_inverse=True)
print(u)
print('\n')
print('下标为：')
print(indices)
print('\n')
print('使用下标重构原数组：')
print(u[indices])
print('\n')
print('返回去重元素的重复数量：')
u,indices=np.unique(a,return_counts=True)
print(u)
print(indices)
```

运行结果：

第一个数组：

[5, 2, 6, 2, 7, 5, 6, 8, 2, 9]

第一个数组的去重值：

[2, 5, 6, 7, 8, 9]

去重数组的索引数组：

[1, 0, 2, 4, 7, 9]

我们可以看到每个和原数组下标对应的数值：

[5, 2, 6, 2, 7, 5, 6, 8, 2, 9]

去重数组的下标：

[2, 5, 6, 7, 8, 9]

下标为：

[1, 0, 2, 0, 3, 1, 2, 4, 0, 5]

使用下标重构原数组：

[5, 2, 6, 2, 7, 5, 6, 8, 2, 9]

返回去重元素的重复数量：

[2, 5, 6, 7, 8, 9]

[3, 2, 2, 1, 1, 1]

如例 1-19 所示，unique 方法功能类似于 Python 自带的求集合 set 功能，在此基础上还额外记录了去重数组的下标和元素重复数量等信息。

1.2.5 通用函数

NumPy 提供了一些通用函数,方便处理数据。

【例 1-20】 两个数组的计算

首先使用通用一元函数 abs()计算其绝对值,然后使用二元通用函数 add()将两个数组中对应数据相加,并将结果按从大到小排序返回。

```
import numpy as np
ndarray1=np.array([1,-1,3,-6,2,-5])
ndarray2=np.array([-4,1,7,-5,0,3])
ndarray1_abs=np.abs(ndarray1)
ndarray2_abs=np.abs(ndarray2)
print("ndarray1 计算绝对值结果如下: ")
print(ndarray1_abs)
print("ndarray2 计算绝对值结果如下: ")
print(ndarray2_abs)
print("两数组求和结果如下: ")
ndarray_add=np.add(ndarray1_abs,ndarray2_abs)
print(ndarray_add)
print("求和结果排序如下: ")
print(np.sort(ndarray_add))
```

运行结果:

```
ndarray1 计算绝对值结果如下:
[1, 1, 3, 6, 2, 5]
ndarray2 计算绝对值结果如下:
[4, 1, 7, 5, 0, 3]
两数组求和结果如下:
[ 5,  2, 10, 11,  2,  8]
求和结果排序如下:
[ 2,  2,  5,  8, 10, 11]
```

如例 1-20 所示,依次使用了 NumPy 一元 ufunc 通用函数 abs()、二元 ufunc 通用函数 add(),排序函数 sort()。使用通用函数对 ndarray 进行处理,同使用循环语句或者列表解析式相比,效率高很多。以下是比较常用的通用函数:表 1-19 列出了常用一元 ufunc 通用方法,表 1-20 列出了常用二元 ufunc 通用函数,表 1-21 列出了矩阵数组运算相关函数,表 1-22 列出了排序相关函数,表 1-23 列出了常用数值处理函数。

表 1-19　一元 ufunc 通用函数

函　　数	说　　明
abs、fabs	计算整数、浮点数或复数的绝对值。对于非复数值,可以使用更快的 fabs
sqrt	计算各元素的平方根。相当于 arr**0.5
square	计算各元素的平方。相当于 arr**2

续表

函　　数	说　　明
exp	计算各元素的指数 e^t
log、log10、log2、loglp	分别为自然对数(底数为 e)、底数为 10 的 log、底数为 2 的 log、log(1+x)
sign	计算各元素的正负号：1(正数)、0(零)、−1(负数)

表 1-20　二元 ufunc 通用函数

函　　数	说　　明
add	将数组中对应的元素相加
subtract	从第一个数组中减去第二个数组中的元素 multiply 数组元素相乘
divide、floor_divide	除法或向下整除法(丢弃余数)
power	对第一个数组中的元素 A，根据第二个数组中的相应元素 B，计算 AB
maximum、fmax	元素级的最大值计算。fmax 将忽略 NaN
minimum、fmin	元素级的最小值计算。fmin 将忽略 NaN
mod	元素级的求模计算(除法的余数)
copysign	将第二个数组中的值的符号复制给第一个数组中的值
greater、greater_equal	执行元素级的比较运算,最终产生布尔型数组。相当于中缀运算
less.less_equal、equal、not_equal	运算符<、<=、==、!=
logical_and、logical_or、logical_xor	执行元素级的真值逻辑运算,相当于中缀运算符 &、|、^

表 1-21　矩阵数组运算相关函数

函　　数	说　　明
numpy.dot()	返回两个数组的点积
numpy.vdot()	返回两个向量的点积
numpy.inner()	返回两个数组的内积
numpy.matmul()	返回两个矩阵的内积
numpy.linalg.det()	计算数组的行列式
numpy.linalg.solve()	以矩阵形式解一个线性矩阵方程或线性列表方程组
numpy.linalg.inv()	矩阵求逆
numpy.matmul()	返回两个矩阵的乘积

表 1-22　排序相关函数

函　　数	说　　明
numpy.sort()	返回一个数组的排序副本
numpy.argsort()	返回数组排序后的索引
numpy.lexsort()	使用键序列执行间接稳定排序

表 1-23   常用数值处理函数

函　　　　数	说　　　　明
numpy.amin() 和 numpy.amax()	返回数组的最小/最大值或沿轴的最小/最大值,不指定轴则为整个数组
numpy.ptp()	返回轴方向上的最大值与最小值之差,不指定轴则为整个数组
numpy.percentile()	返回轴方向上指定百分位上的数值,不指定轴则为整个数组
numpy.median()	返回轴方向上的中位数,不指定轴则为整个数组
numpy.mean()	返回轴方向上的平均数,不指定轴则为整个数组
numpy.average()	返回轴方向上的加权平均数,不指定轴则为整个数组
numpy.std()	返回轴方向上的标准差,不指定轴则为整个数组
numpy.var()	返回轴方向的方差,不指定则为整个数组
numpy.matmul()	返回两个矩阵的乘积

1.2.6　广播机制

NumPy 的通用计算中要求输入的数组 shape 是一致的,当数组的 shape 不相等时,则会使用广播机制,即自动调整数组维度,使其可以正常计算。调整数组使 shape 匹配时,通常按照以下规则自动进行。

（1）让所有输入数组都向其中 shape 最长的数组看齐,缺少的维度则通过在前面加 1 维补齐,例如:

A 的维度为 $2\times3\times2$,B 的维度为 3×2,则 B 向 A 看齐,在 B 的现有维度前面加1,变为 $1\times3\times2$。

（2）输出数组的 shape 是输入数组 shape 的各个轴上的最大值。

（3）如果输入数组的某个轴和输出数组的对应轴的长度相同或者某个轴的长度为 1 时,这个数组能被用来计算,否则出错。

（4）当输入数组的某个轴的长度为 1 时,沿着此轴运算时都用(或复制)此轴上的第一组值。

广播机制决定如何处理形状不同的数组,涉及的算术运算包括数组的加、减、乘、除运算等。

为了直观了解广播机制的效果,接下来举例演示。

例如,*A* 是一个 4×1 矩阵,或者说一个列向量,*B* 是一个一维行向量。如果计算 *A*＋*B*,结果如何呢?

【例 1-21】　广播机制

```
A=a.reshape((-1,1))
print('A=',A)
B=np.arange(0,3)
print('B=',B)
```

```
print('C=A+B=\n',A+B)
```

运行结果：

```
A=[[ 0]
[10]
[20]
[30]]
B=[0, 1, 2]
C=A+B=
[[ 0,  1,  2]
[10, 11, 12]
[20, 21, 22]
[30, 31, 32]]
```

计算 $A+B$ 时，广播机制将做如下处理。

根据规则(1)，B 的 shape 需要向 A 看齐，把 B 从原来的一维(3,)变为二维(1,3)。

根据规则(2)，输出的结果为各个轴上的最大值，即输出结果应该为(4,3)矩阵，那么需要把 A 从(4,1)变为 (4,3)，把 B 从(1,3)变为(4,3)。

根据规则(4)，要用轴上的第一组值进行复制，补足缺少的部分。补足后，两个矩阵就可以计算了。详细处理过程如图 1-4 所示。

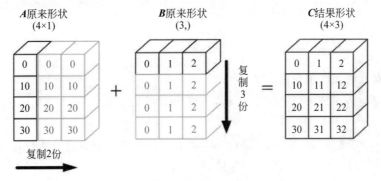

图 1-4　广播机制详细过程示意图

广播机制给计算带来了方便，可以让两个原本不能计算的矩阵完成计算。但是，如果算法设计时犯了维度错误，这个机制可能掩盖这种错误。

1.2.7　读写数据文件

NumPy 提供了几个方法，可以把数组保存到文本或二进制文件中。同样，NumPy 还提供了从文件中读取数据并将其转换为数组的方法。

1. 读写二进制文件

NumPy 的 save()方法以二进制格式保存数据，load()方法则从二进制文件读取数据。

假如有一个数组要保存，例如数据分析过程产生的结果，调用 save()方法即可，参数有两个：要保存到的文件名和要保存的数组。系统会自动给文件名添加扩展名：npy。

【例 1-22】 矩阵存储

```
import numpy as np
data=np.array([[1,2,3],[4,5,6],[7,8,9]])
print(data)
np.save("saved_data", data)
```

运行结果：

```
[[1., 2., 3]
 [4., 5., 6]
 [7., 8., 9]]
```

例 1-22 以文件形式保存了一个 3×3 的矩阵数组。

若要恢复存储在.npy 文件中的数据，可以使用 load()方法，用文件名作为参数，同时需要添加扩展名 npy。读取刚才存储的矩阵数组，代码如下：

```
load_data=np.load("saved_data.npy")
print(load_data)
```

运行结果：

```
[[1. 2. 3]
 [4. 5. 6]
 [7. 8. 9]]
```

2. 读写文本格式数组数据

考虑到文本格式的文件更方便处理，因此一般都会将数据存储为文本格式，而不是二进制格式。

最常用的方法是 np.savetxt()和 np.loadtxt()，这两个方法负责一次性保存或读取全部数据。例如，可以用 savetxt()把数组存储到一个扩展名是 csv 的 Excel 文本文件中，用逗号分隔每列；再用 loadtxt()从文件中加载数据到一个数组变量中。

【例 1-23】 读写文本格式数组数据

```
new_arr=np.array([1, 2, 3, 4, 5, 6, 7, 8])
np.savetxt('new_file.csv', csv_arr)
new_arr=np.loadtxt('new_file.csv')
print(new_arr)
data=np.genfromtxt('new_file.csv', delimiter=',',skip_header=False)
print(data)
```

如例 1-23 所示，更复杂的数据读取方法是 genfromtxt()，可以从文本文件中读取数据并将其存入数组。这个方法有 3 个参数：存放数据的文件名、列分隔符和是否含有列标题。同时，还支持的参数包括筛选某些列、选择指定类型数据等功能。但这些复杂的功能需要复杂的参数设置。实际应用中更倾向于使用 pandas 工具包来加载、筛选数据。

1.3 Pandas 数据处理

Pandas 是一个开放源代码的 Python 库，是一个功能强大的数据分析包，它使用强大的数据结构提供高性能的数据操作。Pandas 提供了大量能快速便捷处理数据的方法和功能。

Pandas 是 Python 的一个数据分析包，最初由 AQR Capital Management 于 2008 年 4 月开发，并于 2009 年底开源，目前由专注于 Python 数据包开发的 PyData 开发 team 继续开发和维护，属于 PyData 项目的一部分。Pandas 最初被作为金融数据分析工具而开发出来，因此，Pandas 为时间序列分析提供了很好的支持。Pandas 的名称来自于面板数据（Panel data）和 Python 数据分析（data analysis）。panel data 是经济学中关于多维数据集的一个术语，在 Pandas 中也提供了 Panel 的数据类型。Pandas 用途广泛，涵盖金融、经济、统计、分析等学术和商业领域。

Pandas 具有以下特点。

（1）提供快速、高效的 DataFrame 对象，具有默认和自定义的索引。

（2）提供将数据从不同文件格式加载到内存中的数据转换工具。

（3）拥有缺失数据的综合处理和数据对齐能力。

（4）可基于标签索引、切片大数据集中的子集。

（5）可以删除或插入数据列，筛选满足条件的行或列。

（6）按数据分组进行聚合和转换。

（7）高性能合并和数据加入。

（8）时间序列方法。

Pandas 包含以下 3 个数据结构：Series（系列）、DataFrame（数据框架）和 Panel（面板）。Panel 是由不同数据类型构成的三维数据结构，也是 DataFrame 的容器，可以由不同的数据类型构成，大小可变、数据可变。其他信息如表 1-24 所示。

表 1-24 Pandas 数据结构

数据结构	维数	描述
Series	1	一维数组，与 NumPy 中的一维 array 类似，二者与 Python 基本的数据结构 List 也很相近。Series 如今能保存不同数据类型，如字符串、boolean 值、数字等
DataFrame	2	二维的表格型数据结构，很多方法与 R 中的 data.frame 类似，可以将 DataFrame 理解为 Series 的容器
Panel	3	三维数组，可以理解为 DataFrame 的容器，是大小可变的三维数组

使用 Pandas 数据结构 DataFrame，通常不需要考虑数据集的维度方向，可以简单地把数据看作 Excel 文件中的一个二维表格，在语义上只需要考虑行和列，降低了数据操纵的难度。

Pandas 是在 NumPy 的基础上做的二次开发，与 NumPy 保持着兼容性，因此多数情况下 NumPy 数组拥有的方法和特性，基本上都可以在 Pandas 的数据结构上直接应用。

使用 Pandas 前，需要先导入相应的包。

```
import pandas as pd
from pandas import Series, DataFrame
```

1.3.1 Series 类型

Series 是由一组数据（可以是各种 NumPy 数据类型）和一组对应的数据标签组成。Series 不是数组，并不要求所有元素必须是同一类型。构造方法如下：

```
pandas.Series(data,index,dtype,copy)
```

构造方法的参数说明如表 1-25 所示。

表 1-25　Series 构造方法参数说明

参数	说　　明
data	支持多种数据类型，如 ndarray,list,constants
index	索引值必须是唯一的，与 data 的长度相同，默认为 np.arange(n)
dtype	Series 的数据类型
copy	表示是否复制数据，默认为 False

创建一个简单的空 Series 对象的基本方法如下：

```
import pandas as pd
s=pd.Series()
print (s)
```

结果如下：

```
Series([], dtype: float64)
```

1. 从 ndarray 创建一个 Series 数组

Pandas 支持从 NumPy 的 ndarray 创建 Series 数组。如果数据是 ndarray，则传递的索引必须具有相同的长度。如果没有传递索引值，那么默认的索引范围将是 range(n)，其中 n 是数组长度，即 [0,1,2,3…,len(array)−1]。

【例 1-24】　创建一个 Series 数组

```
# import the pandas library and aliasing as pd
import pandas as pd
import numpy as np
data=np.array(['a','b','c','d'])
s=pd.Series(data)
print (s)
```

运行结果：

```
0    a
1    b
2    c
```

```
3    d
dtype: object
```

观察例 1-24 可以发现,这里没有显式设置标签,系统默认设置整数类型的索引标签,值从 0 到 len(data)−1,即下标从 0 到 3。

【例 1-25】 设置索引标签

```
# import the pandas library and aliasing as pd
import pandas as pd
import numpy as np
data={'a' : 0., 'b' : 1., 'c' : 2.}
s=pd.Series(data,index=['b','c','d','a'])
print (s)
```

运行结果:

```
b    1.0
c    2.0
d    NaN
a    0.0
dtype: float64
```

如例 1-25 所示,利用索引标签,用户可以自己对数据进行编号。上述例子中,'d'编号没有创建,索引输出结果是 NaN(不是一个数字,意思是 Not a Number)。

2. 从列表创建一个 Series

如果数据是列表类型,则必须提供索引才可以创建 Series 数组。重复该值以匹配索引的长度。

【例 1-26】 从列表创建一个 Series

```
# import the pandas library and aliasing as pd
import pandas as pd
import numpy as np
s=pd.Series(5, index=[0, 1, 2, 3])
print (s)
```

运行结果:

```
0    5
1    5
2    5
3    5
dtype: int64
```

如例 1-26 所示,通过列表创建的 Series,默认所有索引对应的值都是该列表。

3. 通过位置访问 Series 数据

Series 中的数据可以使用类似于访问 ndaaray 中的数据来访问。

【例 1-27】 检索第一个元素,当前索引从 0 开始计数

```
import pandas as pd
s=pd.Series([1,2,3,4,5],index=['a','b','c','d','e'])
# retrieve the first element
print (s[0])
```

运行结果：

```
1
```

【例 1-28】　检索 Series 中的前三个元素

```
import pandas as pd
s=pd.Series([1,2,3,4,5],index=['a','b','c','d','e'])
# retrieve the first three element
print (s[:3])
```

运行结果：

```
a    1
b    2
c    3
dtype: int64
```

【例 1-29】　检索最后两个元素

```
import pandas as pd
s=pd.Series([1,2,3,4,5],index=['a','b','c','d','e'])
# retrieve the first three element
print (s[-2: ])
```

运行结果：

```
d    4
e    5
dtype: int64
```

如例 1-27～例 1-29 所示，Series 和 Python 自带的 list 有一定程度相似，如 Series 数组 s[-2:]表示索引该数据结构中最后两个数据，Series 数组 s[a：b]将提取 a 和 b 之间的所有数据（包含 b 但不包含 a）。两者较为明显的区别是，Series 以竖立的形式展示数据。

4. 通过索引访问 Series 中的数据

可以通过 Series 的标签来索引获取数据。

【例 1-30】　通过 Series 索引获取一个数据元素

```
import pandas as pd
s=pd.Series([1,2,3,4,5],index=['a','b','c','d','e'])
# retrieve a single element
print (s['a'])
```

运行结果：

1

【例 1-31】 通过 Series 索引同时获取多个数据元素

```
import pandas as pd
s=pd.Series([1,2,3,4,5],index=['a','b','c','d','e'])
#retrieve multiple elements
print (s[['a','c','d']])
```

运行结果：

```
a    1
c    3
d    4
dtype: int64
```

如例 1-30 和例 1-31 所示，Series 还可以看作一个有序字典，因为它是索引值到数据值的一个映射，可以通过字典类型直接创建 Series。

从前面的例子中可以看到，通过索引可以灵活地获取 Series 中的一个或多个信息，但同样要注意避免使用不存在的索引，否则会导致异常报错，如例 1-32 所示。

【例 1-32】 Series 异常报错信息

```
import pandas as pd
s=pd.Series([1,2,3,4,5],index=['a','b','c','d','e'])
#retrieve multiple elements
print (s['f'])
```

运行后抛出错误信息：

```
KeyError: 'f'
```

1.3.2 DataFrame 类型

数据框架（DataFrame）是 Pandas 的大小可变的二维表格型数据结构，包含一组列数据，每列可以是不同数据类型的数据组。DataFrame 支持列索引，也支持行索引。一个 DataFrame 可以看作由一系列拥有索引的 Series 组成的字典。表 1-26 是一个 DataFrame 的例子。

表 1-26 DataFrame 举例

姓名	性别	年龄	绩点
张易	男	19	3.15
李思	女	20	2.98
王迩	男	21	4.10
赵武	男	20	3.89

DataFrame 四列的数据类型分别为字符串、整型数和浮点型。

DataFrame 可以由不同的数据类型构成,大小可变,数据可变。

表 1-26 中记录了某专业同学的绩点数据,数据以行和列表示,每列表示一个属性,每行代表一位同学。"张易,李思,王迩,赵武"就是一列数据,"张易,男,19,3.15"就是一行数据。

每一列,可以看作一个 Series,每列的名称就是列索引;每一行,也可以看作一个 Series,尽管它们是水平摆放的。

数据框架(DataFrame)的功能特点如下。

(1) 不同的列可以是不同的数据类型。

(2) 大小可变。

(3) 含行索引和列索引。

(4) 可以对行和列执行各种运算。

1. 创建 DataFrame 对象

Pandas 中的 DataFrame 的构造方法如下:

```
pandas.DataFrame( data, index, columns, dtype, copy)
```

其中,构造方法中每一个参数的含义如表 1-27 所示。

表 1-27　DataFrame 的构造方法详解

参　数	说　明
data	支持多种数据类型,如 ndarray、series、lists、map、dict、constant 和另一个 DataFrame
index	DataFrame 的行标签。如果用户没有设置传递索引值,则默认值为 np.arrange(n)
columns	DataFrame 的列标签。如果用户没有设置传递索引值,则默认值为 np.arrange(n)
dtype	DataFrame 每列的数据类型
copy	表示是否复制数据,默认为 False

Pandas 的数据框架(DataFrame)支持列表(list)、字典(dict)、系列(Series)、ndarray 其他数据框架来创建,下面将从各个输入类型的角度来介绍如何创建一个 DataFrame。

【例 1-33】　直接创建空的 DataFrame

```
import pandas as pd
df=pd.DataFrame()
print(df)
```

运行结果:

```
Empty DataFrame
Columns: []
Index: []
```

【例 1-34】　使用单个列表创建 DataFrame

```
import pandas as pd
data=['张易','李思','王迩','赵武','孙莉']
```

```
df=pd.DataFrame(data)
print (df)
```

运行结果：

```
     0
0  张易
1  李思
2  王迩
3  赵武
4  孙莉
```

学生姓名列之前的值(0,1,2,3,4)是分配的默认索引。

【例1-35】 使用二维列表创建 DataFrame

```
import pandas as pd
data=[['张易',19],['李思',20],['王迩',21],['赵武',20],['孙莉',21]]
df=pd.DataFrame(data,columns=['Name','Age'])
print (df)
```

运行结果：

```
   Name  Age
0  张易    19
1  李思    20
2  王迩    21
3  赵武    20
4  孙莉    21
```

【例1-36】 用二维列表创建 DataFrame，并指定每一列的 dtype

```
import pandas as pd
data=[['张易',19],['李思',20],['王迩',21],['赵武',20],['孙莉',21]]
df=pd.DataFrame(data,columns=['Name','Age'],dtype=float)
print (df)
```

运行结果：

```
   Name  Age
0  张易    19.0
1  李思    20.0
2  王迩    21.0
3  赵武    20.0
4  孙莉    21.0
```

如例1-33～例1-36所示，DataFrame 的生成非常灵活，可以根据自己的需要选择不同的生成方式。

2. 从 Ndarray/List 的字典创建 DataFrame

为了创建一个 DataFrame，所有的 Ndarrays/List 必须具有相同的数据长度。如果没有索引传递，则在默认情况下，索引为 range(n)，其中 n 为数组长度。如果需要传递索引（index），则索引长度须等于数组的长度。

【例 1-37】 用字典来创建 DataFrame

```
import pandas as pd
data={'Name':['张易', '李思', '王迩', '赵武', '孙莉'],'Age':[19,20,21,20,21]}
df=pd.DataFrame(data)
print (df)
```

运行结果：

```
    Name  Age
0   张易   19
1   李思   20
2   王迩   21
3   赵武   20
4   孙莉   21
```

【例 1-38】 用列表来创建 DataFrame 索引

```
import pandas as pd
data={'Name':['张易', '李思', '王迩', '赵武', '孙莉'],'Age':[19,20,21,20,21]}
df=pd.DataFrame(data, index=['第一名','第二名','第三名','第四名','第五名'])
print (df)
```

运行结果：

```
       Name  Age
第一名   张易   19
第二名   李思   20
第三名   王迩   21
第四名   赵武   20
第五名   孙莉   21
```

观察例 1-38 可以发现，index 参数经过用户定义后，成为每一行的一个索引。可以通过这种方式为生成的 DataFrame 添加索引。

在大数据环境下，这种为每行手工添加索引的方式显然是不实际的。

3. 从字典列表创建 DataFrame

可以将字典列表作为输入数据以创建 DataFrame，DataFrame 的列名默认是输入字典列表的字典键。

【例 1-39】 传递字典列表来创建 DataFrame

```
import pandas as pd
data=[{'张易': 19,'李思': 20,'王迩':21,'赵武':20},{'张易': '男','李思': '女','王迩':'男'}]
df=pd.DataFrame(data)
print (df)
```

运行结果：

	张易	李思	王迩	赵武
0	19	20	21	20
1	男	女	男	NaN

观察例 1-39 可知，用户未指定的数据，系统会自动用 NaN 占位。NaN 的意思是"不是一个数值"（not a number），被 NumPy 用来表示缺失值。

【例 1-40】 **传递字典列表和行索引列表来创建 DataFrame**

```
import pandas as pd
data=[{'张易': 19,'李思': 20,'王迩':21,'赵武':20},{'张易': '男','李思': '女','王迩':'男','赵武':'男'}]
df=pd.DataFrame(data,index=['年龄','性别'])
print (df)
```

运行结果：

	张易	李思	王迩	赵武
年龄	19	20	21	20
性别	男	女	男	男

【例 1-41】 **使用字典、行索引列表、列索引列表创建 DataFrame**

```
import pandas as pd
data=[{'张易': 19,'李思': 20,'王迩':21,'赵武':20},{'张易': '男','李思': '女','王迩':'男','赵武':'男'}]
df1=pd.DataFrame(data,index=['年龄','性别'],columns=['张易','李思'])
df2=pd.DataFrame(data,index=['年龄','性别'],columns=['王迩','赵武','钱茜'])
print (df1)
print (df2)
```

运行结果：

	张易	李思
年龄	19	20
性别	男	女

	王迩	赵武	钱茜
年龄	21	20	NaN
性别	男	男	NaN

观察例 1-39～例 1-41 可以发现，数据框架 df1 使用与字典变量 data 相同的键值做行索引，输出的信息是完整的，没有缺失值；数据框架 df2 的行索引，使用了字典变量 data 没有的键值"钱茜"，导致数据不完整，缺失的数据标记为 NaN。

4. 使用 Series 字典创建 DataFrame

通过传递 Series 字典创建 DataFrame，最终索引是该若干 Series 索引的并集。

【例 1-42】 **通过传递 Series 字典创建 DataFrame**

```
import pandas as pd
```

```
d={'性别' : pd.Series(['男', '女','男', '男'], index=['张易', '李思', '王迩', '赵武']),
    '绩点' : pd.Series([3.15, 2.98, 4.10], index=['张易', '李思', '王迩'])}
df=pd.DataFrame(d)
print (df)
```

运行结果：

```
     性别    绩点
张易   男    3.15
李思   女    2.98
王迩   男    4.10
赵武   男    NaN
```

观察例 1-42 可以发现，第二个包含"绩点"信息的 Series 没有被包含到索引"赵武"的输出结果中，对应赵武的绩点信息用 NaN 占位。

Pandas DataFrame 的读取、添加和删除数据操作在数据处理中具有非常重要的作用。接下来将继续介绍基本的 DataFrame 的读取、添加、删除操作。

1.3.3 DataFrame 基本属性和方法

DataFrame 拥有丰富的属性和方法进行数据处理操作，如表 1-28 所示。

表 1-28 DataFrame 的基本属性和方法

属性和方法	说　　明
T	转置
axes	返回一个列，行轴标签和列轴标签作为唯一的成员
dtypes	返回此对象的数据类型（dtypes）
empty	如果 DataFrame 为空，则返回 True，同时 DataFrame 任何轴长度为 0
ndim	DataFrmae 的数组维度大小，默认 DataFrame 的数组维度为 2
shape	返回 DataFrame 的维度的元组
size	返回 DataFrame 的元素个数
values	将 DataFrame 中的实际数据作为 ndarray 返回
head()	返回 DataFrame 开头前 n 行
tail()	返回 DataFrame 最后 n 行

1. 转置

可以像使用属性一样使用 T 方法做转置操作，返回 DataFrame 的转置结果，将 DataFrame 的行与列交换。

【例 1-43】 转置操作

```
import pandas as pd
d={'性别' : pd.Series(['男', '女','男', '男'], index=['张易', '李思', '王迩', '赵武']),
    '年龄' : pd.Series([19,20,21,20], index=['张易', '李思', '王迩', '赵武']),
    '绩点' : pd.Series([3.15, 2.98, 4.10,3.89], index=['张易', '李思', '王迩', '赵武'])}
```

```
df=pd.DataFrame(d)
print("以下是转置前的 DataFrame")
print(df)
print("以下是转置后的 DataFrame")
print(df.T)
```

运行结果：

```
      性别    年龄    绩点
张易    男     19    3.15
李思    女     20    2.98
王迩    男     21    4.10
赵武    男     20    3.89
以下是转置后的 DataFrame
      张易    李思    王迩    赵武
性别    男     女     男     男
年龄    19    20    21    20
绩点    3.15  2.98  4.1   3.89
```

从例 1-43 中可以看到，DataFrame 的转置操作和矩阵数组的转置操作极为类似，区别是 DataFrame 中转置的还包括性别、年龄这样的索引字段。

2. axes 属性

使用 axes 属性可获得 DataFrame 行轴标签和列轴标签列表。

【例 1-44】 axes 属性的使用

```
import pandas as pd
d={'性别' : pd.Series(['男', '女', '男', '男'], index=['张易', '李思', '王迩', '赵武']),
   '年龄' : pd.Series([19,20,21,20], index=['张易', '李思', '王迩', '赵武']),
   '绩点' : pd.Series([3.15, 2.98, 4.10,3.89], index=['张易', '李思', '王迩', '赵武'])}
df=pd.DataFrame(d)
print("以下是 DataFrame 的行轴标签和列轴标签列表")
print(df.axes)
```

运行结果：

```
以下是 DataFrame 的行轴标签和列轴标签列表
[Index(['张易', '李思', '王迩', '赵武'], dtype='object'), Index(['性别', '年龄', '绩点'], dtype='object')]
```

3. dtypes 属性

Pandas 的 dtypes 属性即 NumPy 数组的 dtpyes 属性。使用 dtypes 属性可得到 DataFrame 每列数据类型。

【例 1-45】 dtypes 属性的使用

```
import pandas as pd
d={'性别' : pd.Series(['男', '女', '男', '男'], index=['张易', '李思', '王迩', '赵武']),
   '年龄' : pd.Series([19,20,21,20], index=['张易', '李思', '王迩', '赵武']),
```

```
    '绩点': pd.Series([3.15, 2.98, 4.10,3.89], index=['张易', '李思', '王迩', '赵武'])}
df=pd.DataFrame(d)
print("以下是 DataFrame 每列的数据类型")
print(df.dtypes)
```

运行结果：

```
以下是 DataFrame 每列的数据类型
性别        object
年龄        int64
绩点        float64
dtype:    object
```

4. empty 属性

empty 属性将返回一个布尔值，表示对象是否为空，返回 True 表示对象为空，返回 False 表示对象不为空。

【例 1-46】 empty 属性的使用

```
import pandas as pd
d1={'性别': pd.Series(['男', '女','男', '男'], index=['张易', '李思', '王迩', '赵武']),
     '年龄': pd.Series([19,20,21,20], index=['张易', '李思', '王迩', '赵武']),
     '绩点': pd.Series([3.15, 2.98, 4.10,3.89], index=['张易', '李思', '王迩', '赵武'])}
df1=pd.DataFrame(d1)
d2={}
df2=pd.DataFrame(d2)
print("以下显示 df1 是否为空值: ")
print(df1.empty)
print("以下显示 df2 是否为空值: ")
print(df2.empty)
```

运行结果：

```
以下显示 df1 是否为空值:
False
以下显示 df2 是否为空值:
True
```

5. ndim 属性

使用 ndim 属性返回对象的维数。根据定义，DataFrame 是一个二维对象，所以默认值为 2。

【例 1-47】 ndim 属性

```
d1={'性别': pd.Series(['男', '女','男', '男'], index=['张易', '李思', '王迩', '赵武']),
     '年龄': pd.Series([19,20,21,20], index=['张易', '李思', '王迩', '赵武']),
     '绩点': pd.Series([3.15, 2.98, 4.10,3.89], index=['张易', '李思', '王迩', '赵武'])}
df1=pd.DataFrame(d1)
```

```
d2={}
df2=pd.DataFrame(d2)
print("以下显示 df1 的维数")
print(df1.ndim)
print("以下显示 df2 的维数")
print(df2.ndim)
```

运行结果：

```
以下显示 df1 的维数
2
以下显示 df2 的维数
2
```

观察例 1-47 可以发现，无论 DataFrame 是否为空，在被创建以后其维度默认是 2。

6. shape 属性

使用 shape 属性，可返回表示 DataFrame 的维度元组。元组形式为 (x, y)，其中 x 表示 DataFrame 的行数，y 表示列数。

【例 1-48】　shape 属性的使用

```
import pandas as pd
d1={'性别' : pd.Series(['男','女','男','男'], index=['张易', '李思', '王迩', '赵武']),
    '年龄' : pd.Series([19,20,21,20], index=['张易', '李思', '王迩', '赵武']),
    '绩点' : pd.Series([3.15, 2.98, 4.10,3.89], index=['张易', '李思', '王迩', '赵武'])}
df1=pd.DataFrame(d1)
d2={}
df2=pd.DataFrame(d2)
print("以下显示 df1 的维度元组")
print(df1.shape)
print("以下显示 df1 的转置的维度元组")
df1_T=df1.T
print(df1_T.shape)
print("以下显示 df2 的维度元组")
print(df2.shape)
```

运行结果：

```
以下显示 df1 的维度元组
(4, 3)
以下显示 df1 的转置的维度元组
(3, 4)
以下显示 df2 的维度元组
(0, 0)
```

7. size 属性

使用 size 属性返回 DataFrame 的元素个数。

【例 1-49】　size 属性的使用

```
import pandas as pd
d1={'性别':pd.Series(['男','女','男','男'],index=['张易','李思','王迩','赵武']),
    '年龄':pd.Series([19,20,21,20],index=['张易','李思','王迩','赵武']),
    '绩点':pd.Series([3.15,2.98,4.10,3.89],index=['张易','李思','王迩','赵武'])}
df1=pd.DataFrame(d1)
print("以下显示df1的元素个数")
print(df1.size)
```

运行结果:

```
以下显示df1的元素个数
12
```

8. values 属性

values 属性可以将 DataFrame 中的数据作为 ndarray 类型返回。

【例 1-50】 values 属性的使用

```
import pandas as pd
d1={'性别':pd.Series(['男','女','男','男'],index=['张易','李思','王迩','赵武']),
    '年龄':pd.Series([19,20,21,20],index=['张易','李思','王迩','赵武']),
    '绩点':pd.Series([3.15,2.98,4.10,3.89],index=['张易','李思','王迩','赵武'])}
df1=pd.DataFrame(d1)
print("将DataFrame中的实际数据作为ndarray返回")
print(df1.values)
```

运行结果:

```
将DataFrame中的实际数据作为ndarray返回
[['男' 19 3.15]
 ['女' 20 2.98]
 ['男' 21 4.1]
 ['男' 20 3.89]]
```

9. head()和 tail()方法

对于包含大量数据的 DataFrame 对象,可以利用 head()和 tail()方法查看部分数据。
head()返回前 n 行,tail()返回最后 n 行,n 默认为 5,可以传递自定义数值。

【例 1-51】 head()和 tail()方法的使用

```
import pandas as pd
d1={'性别':pd.Series(['男','女','男','男'],index=['张易','李思','王迩','赵武']),
    '年龄':pd.Series([19,20,21,20],index=['张易','李思','王迩','赵武']),
    '绩点':pd.Series([3.15,2.98,4.10,3.89],index=['张易','李思','王迩','赵武'])}
df1=pd.DataFrame(d1)
print("将DataFrame中的数据前两行返回")
print(df1.head(2))
print("将DataFrame中的数据倒数两行返回")
print(df1.tail(2))
```

运行结果：

将 DataFrame 中的数据前两行返回

```
     性别   年龄    绩点
张易   男     19    3.15
李思   女     20    2.98
```

将 DataFrame 中的数据倒数两行返回

```
     性别   年龄    绩点
王迩   男     21    4.10
赵武   男     20    3.89
```

1.3.4 数据索引与筛选

通过索引运算符"[]"和属性运算符"."可以方便地提取 DataFrame 的列。例如，提取一列 df["某列索引名称"]，提取多列 df[["列 1","列 2"]]，或者把列索引名称当作 DataFrame 的属性使用，例如 df.列 1，同样可以提取 DataFrame 的某列数据。但是不推荐用属性的方式提取列，因为这种编码方式不通用，数据变化可能造成代码的频繁修改。

【例 1-52】 从 DataFrame 中读取列

```
import pandas as pd
d={'性别' : pd.Series(['男', '女', '男', '男'], index=['张易', '李思', '王迩', '赵武']),
   '绩点' : pd.Series([3.15, 2.98, 4.10], index=['张易', '李思', '王迩'])}
df=pd.DataFrame(d)
print (df['性别'])
print (df.性别)
```

两条 print 语句的运行结果相同：

```
张易       男
李思       女
王迩       男
赵武       男
Name: 性别, dtype: object
```

那么怎样提取 DataFrame 的某一行？怎样提取二维表中某个具体位置的数据？
Pandas 目前支持两种索引方式，如表 1-29 所示。

表 1-29　Pandas 支持的两种索引方法

编　号	索　引	说　　明
1	.loc()	基于标签
2	.iloc()	基于整数下标
3	.ix()	新版本已经淘汰此方法

1. loc()方法

loc()方法通过标签(label)索引数据，包括行标签(index)和列标签(colums)，即行名称和列名称，可以使用 df.loc[index_name,col_name]选择指定位置的数据，主要用法如下。

（1）单个列表标签，如果 loc 中只有单个标签，那么选择一行。例如：df.loc['a']选择的是 index 为 a 的那一行。

（2）标签列表，如：df.loc[['a','b','c']]，同样只选择行。

（3）切片对象，与通常的 Python 切片不同，在最终选择的数据中包含切片的 start 和 stop。例如：df.loc['c'：'h'] 既包含 c 行，也包含 h 行。

（4）布尔数组，用于筛选符合某些条件的行，如：df.loc[df.A>0.5] 筛选出所有 A 列大于 0.5 的行。

【例 1-53】 loc()方法的使用 1

```
# import the pandas library and aliasing as pd
import pandas as pd
import numpy as np
df=pd.DataFrame(np.random.randn(8, 4),
index=['a','b','c','d','e','f','g','h'], columns=['A', 'B', 'C', 'D'])
# select all rows for a specific column
print (df.loc[:,'A'])
```

运行结果：

```
a   -1.080720
b    1.397701
c   -0.823286
d    0.064870
e   -0.195917
f    1.500541
g    1.512237
h   -0.301736
Name: A, dtype: float64
```

【例 1-54】 loc()方法的使用 2

```
import pandas as pd
import numpy as np
df=pd.DataFrame(np.random.randn(8, 4),
index=['a','b','c','d','e','f','g','h'], columns=['A', 'B', 'C', 'D'])
# Select all rows for multiple columns, say list[]
print (df.loc[:,['A','C']])
```

运行结果：

```
          A            C
a    0.773253     0.133169
b   -0.152366    -0.466798
c   -0.659507    -0.492561
d    1.652522     0.762202
e   -0.228704    -1.016816
```

```
f    -1.111037     0.705170
g     0.675199    -0.611795
h    -1.708064    -0.864365
```

【例 1-55】 读取 DataFrame 中的一行数据

```
import pandas as pd
d={'性别' : pd.Series(['男','女','男','男'], index=['张易','李思','王迩','赵武']),
   '年龄' : pd.Series([19,20,21,20], index=['张易','李思','王迩','赵武']),
   '绩点' : pd.Series([3.15, 2.98, 4.10,3.89], index=['张易','李思','王迩','赵武'])}
df=pd.DataFrame(d)
print (df.loc['张易'])
```

运行结果：

```
性别        男
年龄       19
绩点     3.15
Name: 张易, dtype: object
```

【例 1-56】 使用运算符":"读取 DataFrame 中的多行数据

```
import pandas as pd
d={'性别' : pd.Series(['男','女','男','男'], index=['张易','李思','王迩','赵武']),
   '年龄' : pd.Series([19,20,21,20], index=['张易','李思','王迩','赵武']),
   '绩点' : pd.Series([3.15, 2.98, 4.10,3.89], index=['张易','李思','王迩','赵武'])}
df=pd.DataFrame(d)
print (df[1:4])
```

运行结果：

```
       性别    年龄    绩点
李思      女     20   2.98
王迩      男     21   4.10
赵武      男     20   3.89
```

从例 1-55 和例 1-56 中可以看出，DataFrame 读取行的操作和二维数组的操作类似。

2. iloc()方法

iloc()是基于整数的索引，利用元素在各个轴上的索引序号进行选择，序号超过范围产生 IndexError，切片时允许序号超过范围。

各种访问方式如下。

(1) 一个整数，与 loc()相同，如果只使用一个维度，则只选择行，下标从 0 开始。例如 df.iloc[5]，选择第 6 行。

(2) 整数列表或者数组，如 df.iloc[[5,1,7]]，选择第 6 行、第 2 行和第 8 行。

(3) 元素为整数的切片操作，与 loc()不同，这里下标为 stop 的数据不被选择。如 df.iloc[0:3]，只包含 0,1,2 行，不包含第 3 行。

(4) 使用布尔数组进行筛选，如 df.iloc[df.A>0.5]，df.iloc[list(df.A>0.5)]。

使用布尔数组进行筛选时，可以使用 list 或者 array。若使用 Series 会出错，将出现 NotImplementedError 和 ValueError 等报错信息。

【例 1-57】 iloc()方法的使用

```
import pandas as pd
import numpy as np
df=pd.DataFrame(np.random.randn(8, 4), columns=['A', 'B', 'C', 'D'])
#select all rows for a specific column
print (df.iloc[:4])
```

运行结果：

```
          A            B            C            D
0    - 0.115892    2.396043    - 1.197159    0.853264
1     1.356529     0.147086    - 0.176918    0.369814
2     0.272383    - 1.092620   - 0.179162    0.927654
3     0.244275     2.065297     0.515167    - 1.148936
```

3. 切片操作

在得到数据后，经常需要对数据进行提取、分析和使用，提取数据过程中难免要对数据进行各种切片操作，根据具体的业务需求筛选出所需的数据，Pandas 提供了一些功能，方便选取数据，下面主要讲解 DataFrame 类型的数据选取，与 Series 类型用法类似。

Pandas 的[ ]操作只能输入一个维度，不能用逗号隔开输入两个维度。

【例 1-58】 [ ]操作错误示例

```
import pandas as pd
import numpy as np
df=pd.DataFrame(np.random.randn(8, 4), columns=['A', 'B', 'C', 'D'])
print(df['a', 'A'])
```

运行结果：

```
Traceback (most recent call last):
  File "C:\Python\Python35\lib\site-packages\pandas\core\indexes\base.py",
line 3063, in get_loc
    return self._engine.get_loc(key)
  File "pandas\_libs\index.pyx", line 140, in pandas._libs.index.IndexEngine.get_loc
  File "pandas\_libs\index.pyx", line 162, in pandas._libs.index.IndexEngine.get_loc
  File "pandas\_libs\hashtable_class_helper.pxi", line 1492, in pandas._libs.
hashtable.PyObjectHashTable.get_item
  File "pandas\_libs\hashtable_class_helper.pxi", line 1500, in pandas._libs.
hashtable.PyObjectHashTable.get_item
KeyError: ('a', 'A')
```

.loc 和 .iloc 只输入一维时选择的行，而[ ]选择的是列，并且必须使用列名。

【例 1-59】 [ ]操作切片

```
import pandas as pd
```

```
import numpy as np
df=pd.DataFrame(np.random.randn(8, 4), columns=['A', 'B', 'C', 'D'])
print(df['A'])
```

运行结果：

```
0    -0.634695
1    -1.552806
2    -0.248311
3    -0.959873
4     0.399436
5     0.129919
6     0.509267
7    -2.452444
Name: A, dtype: float64
```

1.3.5　操纵 DataFrame

1. DataFrame 添加列

【例 1-60】　在 DataFrame 中添加一个新列

```
import pandas as pd
d={'性别' : pd.Series(['男','女','男','男'], index=['张易','李思','王迩','赵武']),
    '绩点' : pd.Series([3.15, 2.98, 4.10], index=['张易','李思','王迩'])}
df=pd.DataFrame(d)
print ("通过传递 Series 在 DataFrame 里增加一列数据")
df['年龄']=pd.Series([19,20,21,20],index=['张易','李思','王迩','赵武'])
print (df)
print ("用 DataFrame 中已有的列增加一列数据")
df['明年的年龄']=df['年龄']+1
print (df)
```

运行结果：

```
通过传递 Series 在 DataFrame 里增加一列数据
     性别  绩点   年龄
张易  男   3.15  19
李思  女   2.98  20
王迩  男   4.10  21
赵武  男   NaN   20
用 DataFrame 中已有的列增加一列数据
     性别  绩点   年龄  明年的年龄
张易  男   3.15  19    20
李思  女   2.98  20    21
王迩  男   4.10  21    22
赵武  男   NaN   20    21
```

例 1-60 通过传递 Series 和已有的列数据进行操作,增加了新的列。注意,df['明年的年龄'=df['年龄']+1 中,df['年龄']+1 对'年龄'列所有数据均进行了'+1'的操作。

2. DataFrame 删除列

【例 1-61】 DataFrame 中的列

```
import pandas as pd
d={'性别': pd.Series(['男', '女', '男', '男'], index=['张易', '李思', '王迩', '赵武']),
    '年龄': pd.Series([19,20,21,20], index=['张易', '李思', '王迩', '赵武']),
    '绩点': pd.Series([3.15, 2.98, 4.10,3.89], index=['张易', '李思', '王迩', '赵武'])}
df=pd.DataFrame(d)
print ("当前 DataFrame 是")
print (df)
#using del function
print ("使用 del 方法删除 DataFrame 第一列性别数据")
del df['性别']
print (df)
#using pop function
print ("使用 pop 方法弹出 DataFrame 第二列年龄数据")
df.pop('年龄')
print (df)
```

运行结果:

```
当前 DataFrame 是
      性别  年龄   绩点
张易   男   19   3.15
李思   女   20   2.98
王迩   男   21   4.10
赵武   男   20   3.89
使用 del 方法删除 DataFrame 第一列性别数据
      年龄   绩点
张易   19   3.15
李思   20   2.98
王迩   21   4.10
赵武   20   3.89
使用 pop 弹出方法弹出 DataFrame 第二列年龄数据
      绩点
张易   3.15
李思   2.98
王迩   4.10
赵武   3.89
```

在例 1-61 中,通过原先 DataFrame 数据、del 方法删除性别的 DataFrame 数据、使用 pop 方法删除年龄的数据对比,说明 del 与 pop 方法都有删除 DataFrame 一列数据的方法。区别是 pop 会将删除的数据返回。

用 DataFrame 对象自带的 drop()删除某一列数据,可能更加安全,可以选择修改原数

据还是不修改原数据,默认为不修改原数据,返回删除后的结果。基本语法格式如下:

```
df.drop(['列索引名称',],inplace=False, axis=0)
```

其中,参数 inplace 用于设定是否修改原数据,默认为 False;axis 设定操作方向,默认为 0 号轴,即在列的方向操作。

3. DataFrame 添加行

【例 1-62】 通过 append 方法在 DataFrame 中增加一行数据

```
import pandas as pd
d={'性别' : pd.Series(['男', '女', '男', '男'], index=['张易', '李思', '王迩', '赵武']),
    '年龄' : pd.Series([19,20,21,20], index=['张易', '李思', '王迩', '赵武']),
    '绩点' : pd.Series([3.15, 2.98, 4.10,3.89], index=['张易', '李思', '王迩', '赵武'])}
df=pd.DataFrame(d)
df2=pd.DataFrame([['女',21,4.21]],index=['孙莉'],columns=['性别','年龄','绩点'])
df=df.append(df2)
print(df)
```

运行结果:

```
     性别  年龄   绩点
张易   男   19   3.15
李思   女   20   2.98
王迩   男   21   4.10
赵武   男   20   3.89
孙莉   女   21   4.21
```

注意,如果没有指定 index 行索引、columns 列索引,将采用默认值 range(n)。

4. DataFrame 删除行

DataFrame 使用行索引标签删除行。如果存在重复标签,会删除多行。

【例 1-63】 使用 drop 方法在 DataFrame 中删除行

```
import pandas as pd
d={'性别' : pd.Series(['男', '女', '男', '男'], index=['张易', '李思', '王迩', '赵武']),
    '年龄' : pd.Series([19,20,21,20], index=['张易', '李思', '王迩', '赵武']),
    '绩点' : pd.Series([3.15, 2.98, 4.10,3.89], index=['张易', '李思', '王迩', '赵武'])}
df=pd.DataFrame(d)
df=df.drop('张易')
print(df)
```

运行结果:

```
     性别  年龄   绩点
李思   女   20   2.98
王迩   男   21   4.10
赵武   男   20   3.89
```

从例 1-63 可以看出,drop 方法会直接删除一整行的数据。

5. DataFrame 读取文件

使用 Pandas 做数据处理的第一步就是读取数据,数据可以来自于各种文件,CSV 文件便是其中之一。Pandas 提供的 read_csv()方法可以很方便地读取 CSV 文件。read_csv 方法支持很多参数,便于对原 CSV 文件进行处理,具体列举如下。

```
pd.read_csv(filepath_or_buffer, sep=',', delimiter=None, header='infer', names
=None, index_col=None, usecols=None, squeeze=False, prefix=None, mangle_dupe_
cols=True, dtype=None, engine=None, converters=None, true_values=None, false_
values=None, skipinitialspace=False, skiprows=None, nrows=None, na_values=
None, keep_default_na=True, na_filter=True, verbose=False, skip_blank_lines=
True, parse_dates=False, infer_datetime_format=False, keep_date_col=False, date
_parser=None, dayfirst=False, iterator=False, chunksize=None, compression='
infer', thousands=None, decimal=b'.', lineterminator=Nonc, quotechar='"',
quoting=0, escapechar=None, comment=None, encoding=None, dialect=None,
tupleize_cols=False, error_bad_lines=True, warn_bad_lines=True, skipfooter=0,
skip_footer=0, doublequote=True, delim_whitespace=False, as_recarray=False,
compact_ints=False, use_unsigned=False, low_memory=True, buffer_lines=None,
memory_map=False, float_precision=None)
```

表 1-30 列举了 read_csv()方法的主要参数及其说明。

表 1-30   read_csv()方法的主要参数说明

参　　数	说　　明
filepath_or_buffer	这是唯一一个必须有的参数,其他都是按需求选用的,是文件所在的路径
sep	指定分隔符,默认为逗号","
delimiter	定界符,备选分隔符(如果指定该参数,则 sep 参数失效)
header	指定哪一行作为表头。默认设置为 0(即第一行作为表头),如果 CSV 文件没有表头,则设置 header=None
names	指定列的名称,用列表表示。当 header=None 时,使用此参数添加列名
index_col	指定任意列的数据作为行索引,可以是一列,也可以是多列
prefix	给列名添加前缀
nrows	选取需要读取的行数(从文件头开始算起)
skiprows	需要忽略的行数(从文件开始处算起),或需要跳过的行号列表(从 0 开始)

6. DataFrame 判断缺失值

isnull()方法用于判断数据是否含有缺失值,生成的是所有数据的布尔值。

【例 1-64】　使用 isnull()方法判断一组数据中的缺失值,并使用 isnull().sum()统计每一列的缺失值数量

```
import pandas as pd
df=pd.DataFrame(np.random.randint(10, 99, size=(5, 5)))
df.iloc[3:4, 0]=np.nan
```

```
df.iloc[1:2, 2]=np.nan
df.iloc[3, 3]=np.nan
df.iloc[2:3, 4]=np.nan
print(df)
print(df.isnull())
print(df.isnull().sum())
```

运行结果：

```
       0      1      2      3      4
0   42.0     74   31.0   13.0   23.0
1   55.0     40    NaN   15.0   44.0
2   44.0     16   42.0   50.0    NaN
3    NaN     46   45.0    NaN   61.0
4   86.0     50   54.0   19.0   32.0
       0      1      2      3      4
0  False  False  False  False  False
1  False  False   True  False  False
2  False  False  False  False   True
3   True  False  False   True  False
4  False  False  False  False  False
0    1
1    0
2    1
3    1
4    1
dtype: int64
```

如例 1-64 所示，程序返回了布尔值，该处为缺失值，返回 True；该处不为缺失值，则返回 False。同时，isnull().sum() 直观地反映了每一列缺失值的数量。

7. DataFrame 统计数据出现的频率

value_counts()：以 Series 形式返回指定列的不同取值的频率。

【例 1-65】　使用 value_counts()方法统计一组数据中的性别数量

```
import pandas as pd
data={'Name':['张易', '李思', '王迩', '赵武', '孙莉'],'Age':[19,20,21,20,21],'Sex':
['male','female','male','male','female'],'GPA':[3.15,2.98,4.10,3.89,4.76]}
df=pd.DataFrame(data)
print (df)
print ("统计该组数据中的性别数量")
print (df['Sex'].value_counts())
```

运行结果：

```
   Name  Age   Sex      GPA
0  张易    19    male     3.15
1  李思    20    female   2.98
```

```
2    王迩   21    male      4.10
3    赵武   20    male      3.89
4    孙莉   21    female    4.76
```

统计该组数据中的性别数量

```
male       3
female     2
Name: Sex, dtype: int64
```

如例 1-65 所示，使用 value_counts() 方法统计了该组数据 Sex 中 female 和 male 的数量。

8. DataFrame 替换数据

fillna() 方法可以将 DataFrame 中的缺失数据替换为其他值。

【例 1-66】 通过使用 fillna() 方法将 DataFrame 中缺失值替换成'b'

```python
import pandas as pd
import numpy as np
df=pd.DataFrame(np.random.randint(10, 99, size=(5, 5)))
df.iloc[3:4, 0]=np.nan
df.iloc[1:2, 2]=np.nan
df.iloc[3, 3]=np.nan
df.iloc[2:3, 4]=np.nan
print("替换前",df)
df.fillna('b', inplace=True)
print("替换后",df)
```

运行结果：

替换前

```
      0    1     2     3     4
0   11.0  21   67.0  76.0  44.0
1   57.0  31   NaN   52.0  69.0
2   80.0  35   73.0  77.0  NaN
3   NaN   92   64.0  NaN   10.0
4   16.0  92   11.0  56.0  68.0
```

替换后

```
    0    1    2    3
0   11   21   67   76   44
1   57   31   b    52   69
2   80   35   73   77   b
3   b    92   64   b    10
4   16   92   11   56   68
```

观察例 1-66 运行结果可以发现，通过对 DataFrame 使用 fillna() 方法，可以将之前缺失部分的数据替代，当 inplace 为 True 时不创建新的对象，直接对原始对象进行修改；为 False 时对数据进行修改，创建并返回新的对象承载其修改结果。

使用 replace() 方法也可以将 DataFrame 中的数据替换为其他值。可通过 replace() 方法将每个 object 的字符串类型数据用整型数字代替,根据 inplace 参数值的不同来决定是否在原对象上修改。

【例 1-67】 通过 replace 方法替换数值

```python
import pandas as pd
data={'Name':['张易', '李思', '王迩', '赵武', '孙莉'],'Age':[19,20,21,20,21],'Sex':
['male','female','male','male','female'],'GPA':[3.15,2.98,4.10,3.89,4.76]}
df=pd.DataFrame(data)
print("替换前: ",df)
df.replace({'张易':'zhangyi', '李思':'lisi'}, inplace=True)
print ("替换后: ",df)
```

运行结果:

替换前:

```
    Name   Age    Sex
0   张易    19    male
1   李思    20    female
2   王迩    21    male
3   赵武    20    male
4   孙莉    21    female
```

替换后:

```
      Name    Age    Sex
0   zhangyi   19    male
1   lisi      20    female
2   王迩       21    male
3   赵武       20    male
4   孙莉       21    female
```

观察例 1-67 的结果可以发现,Pandas 中 DataFrame 的 replace() 方法有两个参数。第一个参数是用于替换的字典,根据字典对 DataFrame 中的数据进行相应的变换。Pandas 中 inplace 参数在很多函数中都会有,它的作用是决定是否在原对象基础上进行修改,当 inplace 为 True 时不创建新的对象,直接对原始对象进行修改;为 False 时对数据进行修改,创建并返回新的对象承载其修改结果。默认是 False,即创建新的对象进行修改,原对象不变。

9. DataFrame 数据特征信息

describe() 方法用于生成描述性统计信息。描述性统计数据中,数值类型包括均值、标准差、最大值、最小值、分位数等;类别包括个数、类别的数目、最高数量的类别及出现次数等;输出将根据提供的内容而有所不同。

【例 1-68】 使用 describe() 方法统计数据描述性统计信息

```python
import pandas as pd
data={'Name':['张易', '李思', '王迩', '赵武', '孙莉'],'Age':[19,20,21,20,21],'Sex':['
male','female','male','male','female'],'GPA':[3.15,2.98,4.10,3.89,4.76]}
df=pd.DataFrame(data)
```

```
print ("统计该组数据的基本特征")
print (df.describe())
```

运行结果：

```
统计该组数据的基本特征
            Age       GPA
count   5.00000  5.000000
mean   20.20000  3.776000
std     0.83666  0.726588
min    19.00000  2.980000
25%    20.00000  3.150000
50%    20.00000  3.890000
75%    21.00000  4.100000
max    21.00000  4.760000
```

如例 1-68 所示，使用 describe()方法统计了该组数据平均值、方差、最大值、最小值等信息。

info()方法用于打印 DataFrame 的简要摘要，显示有关 DataFrame 的信息，包括索引的数据类型 dtype 和列的数据类型 dtype，非空值的数量和内存使用情况。

【例 1-69】 使用 info()方法统计数据基本特征

```
import pandas as pd
data={'Name':['张易', '李思', '王迩', '赵武', '孙莉'],'Age':[19,20,21,20,21],'Sex':
['male','female','male','male','female'],'GPA':[3.15,2.98,4.10,3.89,4.76]}
df=pd.DataFrame(data)
print ("统计该组数据的基本特征")
print (df.info())
```

运行结果：

```
统计该组数据的基本特征
<class 'pandas.core.frame.DataFrame'>
RangeIndex: 5 entries, 0 to 4
Data columns (total 4 columns):
 #   Column  Non-Null Count  Dtype
---  ------  --------------  -----
 0   Name    5 non-null      object
 1   Age     5 non-null      int64
 2   Sex     5 non-null      object
 3   GPA     5 non-null      float64
dtypes: float64(1), int64(1), object(2)
memory usage: 288.0+bytes
None
```

如例 1-69 所示，使用 info()方法统计了该组数据每列列名、是否含有缺失值、缺失值数量、数据类型等基本信息。

1.4 应用实例

运营在线商城的公司整理了一份用户清单,准备交给第三方数据分析公司帮助分析客户数据。为保护商业信息和个人隐私,对数据进行了脱敏处理,消除了字段的具体含义,把一些有明显实际意义的数值替换成了没有意义的字符,共有 690 条用户数据,每条用户数据有 Figure1~Figure16 共 16 个特征。进行数据分析时需要对用户数据进行缺失值补充、数据转换、特征统计等操作(使用填充众值法填充缺失数值)。采用本章学习过的方法,尝试对现有数据进行处理。

(1) 导入需要使用的模块并读入 CSV 文件。

```
# - * - encoding:utf-8 - * -
# import package.
import numpy as np
import pandas as pd

data_ori=pd.read_csv('consumer_data.csv')
```

(2) 使用 isnull()方法求得空值数量。

```
t=data_ori.isnull().sum()print(t)
t[t>0]
```

运行结果:

```
Figure1   12
Figure2   0
Figure3   0
Figure4   0
Figure5   0
Figure6   9
Figure7   9
Figure8   0
Figure9   0
Figure10  0
Figure11  0
Figure12  0
Figure13  0
Figure14  0
Figure15  0
Figure16  0
dtype:int64
Figure1   12
Figure4   6
Figure5   6
```

```
Figure6   9
Figure7   9
dtype:int64
```

发现 Figure1、Figure6、Figure7 特征列存在数据缺失现象。下一步将进行众数填充法填补缺失值。

（3）统计 Figure1 中 a、b 的数量。

```
data_ori['Figure1'].value_counts()
```

运行结果：

```
b    468
a    210
Name: Figure1, dtype: int64
```

结果显示 Figure1 中 b 的重复值最多，则下一步将使用众数填补将缺失值补充为 b。

（4）将 Figure1 中的缺失值使用 fillna 替换成'b'。

```
data_ori['Figure1'].fillna('b', inplace=True)
```

（5）统计 Figure6 中不同值在该列有多少重复值。

```
data_ori['Figure6'].value_counts()
```

运行结果：

```
c    137
q     78
w     64
i     59
aa    54
ff    53
k     51
cc    41
x     38
m     38
d     30
e     25
j     10
r      3
Name: Figure6, dtype: int64
```

（6）将 Figure6 中的缺失值替换成'c'。

```
data_ori['Figure6'].fillna('c', inplace=True)
```

（7）统计 Figure6 中不同值在该列有多少重复值。

```
data_ori['Figure7'].value_counts()
```

运行结果：

```
v    399
h    138
bb    59
ff    57
z     8
j     8
dd    6
n     4
o     2
Name: Figure7, dtype: int64
```

（8）统计 Figure7 中不同值在该列有多少重复值（即频率）。

```
data_ori['Figure7'].value_counts()
```

运行结果：

```
v    399
h    138
bb    59
ff    57
z     8
j     8
dd    6
n     4
o     2
Name: Figure7, dtype: int64
```

（9）将 Figure7 中的缺失值替换成'v'。

```
data_ori['Figure7'].fillna('v', inplace=True)
```

（10）再一次统计 CSV 表格中空值数量。

```
t=data_ori.isnull().sum()
t[t>0]
```

运行结果：

```
Series([], dtype: int64)
```

运行结果显示文件中已经不存在缺失值。

（11）使用 describe()方法观察这一系列数据的范围、大小、波动趋势等，便于判断后续对数据采取哪类模型更合适。

```
data_ori.describe()
```

（12）统计 CSV 文件每列特征的数据类型。

```
data_ori.info()
```

运行结果：

```
<class 'pandas.core.frame.DataFrame'>
RangeIndex: 690 entries, 0 to 689
Data columns (total 16 columns):
Figure1      690 non-null object
Figure2      690 non-null float64
Figure3      690 non-null float64
Figure4      690 non-null object
Figure5      690 non-null object
Figure6      690 non-null object
Figure7      690 non-null object
Figure8      690 non-null float64
Figure9      690 non-null object
Figure10     690 non-null object
Figure11     690 non-null int64
Figure12     690 non-null object
Figure13     690 non-null object
Figure14     690 non-null int64
Figure15     690 non-null int64
Figure16     690 non-null int64
dtypes: float64(3), int64(4), object(9)
memory usage: 86.4+KB
```

（13）将每个 object 类数据按照出现次数从大到小进行排列。

下述代码中的 unique() 方法用于过滤数组内的重复元素，是 NumPy 数组方法。

```
for col in cols:
    print (col, '->', data_ori[col].unique())
```

运行结果：

```
Figure1 ->['b' 'a']
Figure4 ->['u' 'y' 'l']
Figure5 ->['g' 'p' 'gg']
Figure6 ->['w' 'q' 'm' 'r' 'cc' 'k' 'c' 'd' 'x' 'i' 'e' 'aa' 'ff' 'j']
Figure7 ->['v' 'h' 'bb' 'ff' 'j' 'z' 'o' 'dd' 'n']
Figure9 ->['t' 'f']
Figure10 ->['t' 'f']
Figure12 ->['f' 't']
Figure13 ->['g' 's' 'p']
```

（14）统计整个表格数据的大小。

```
data_ori.shape
```

运行结果：

```
(690, 16)
```

（15）将每个 object 的字符串类型数据用整型数字代替。

```
data_ori['Figure1'].replace({'a':0, 'b':1}, inplace=True)
data_ori['Figure4'].replace({'u':0, 'y':1, 'l':2}, inplace=True)
data_ori['Figure5'].replace({'g':0, 'p':1, 'gg':2}, inplace=True)
data_ori['Figure6'].replace({'w':0,'q':1, 'm':2, 'r':3, 'cc':4, 'k':5, 'c':6, 'd':7, 'x':8,'i':9, 'e':10, 'aa':11, 'ff':12, 'j':13}, inplace=True)
data_ori['Figure7'].replace({'v':0, 'h':1, 'bb':2, 'ff':3, 'j':4, 'z':5, 'o':6, 'dd':7, 'n':8}, inplace=True)
data_ori['Figure9'].replace({'t':0, 'f':1}, inplace=True)
data_ori['Figure10'].replace({'t':0, 'f':1}, inplace=True)
data_ori['Figure12'].replace({'f':0, 't':1}, inplace=True)
data_ori['Figure13'].replace({'g':0, 's':1, 'p':2}, inplace=True)
```

小结

本章主要讲解了 NumPy 和 Pandas 这两个常用工具包的基本使用方法。NumPy 是一个优秀的矩阵和线性计算工具包，也是一个优秀的函数式编程工具，可自动实现矩阵的并行计算，很多第三方的高性能计算工具和深度学习开放框架都是以 NumPy 为基础的数据结构。Pandas 是一个有广泛影响力的数据处理利器，常用于数据的简单统计分析和数据预处理，是统计、金融分析以及各类大数据分析时的必备工具之一，值得读者熟练掌握。

习题

1. 怎样编程提取 ndarray 数组对象的维度信息，如行数和列数？
2. 怎样快速把一个多维的数组拉成一个一维的数组？
3. 一个 ndarray 数组对象生成后，能否动态修改它的数据类型？怎么操作？
4. 如果需要给 NumPy 数组中每个元素统一增加或减少一个数值，怎样高效实现？
5. 两个维度不同的 NumPy 矩阵可以直接相加吗？可以直接相乘吗？结果如何？试编程验证。
6. 用循环的方式对一个 NumPy 数组中的元素求和，用通用函数对数组元素求和，试编程比较这两种不同方式的执行效率。
7. 对于一个 Pandas DataFrame 对象，如何编程实现筛选一列当中的缺失值？怎样替换一列中数值小于 0 的记录？
8. 怎样用 Pandas 读取一个文字编码为 GBK 的 CSV 数据文件？
9. 怎样用 Pandas 查看一个较大数据文件的前 5 行或者最后 5 行？
10. 试举例说明，如何对两个 DataFrame 对象按照筛选条件进行水平拼接。

## 第 2 章

网络编程

2.1 导学

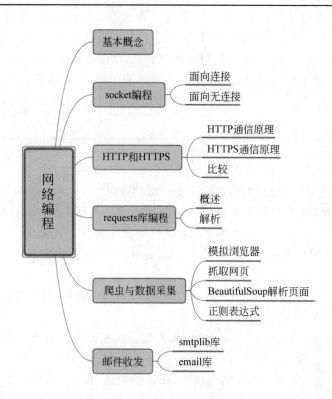

学习目标：

- 理解网络通信的基本概念和协议。
- 理解 socket，HTTP 和 HTTPS 通信原理。

- 掌握 socket 编程基本方法。
- 掌握 requests 网络编程方法。
- 掌握网络爬虫的基本实现方法。
- 掌握邮件收发的编程方法。

在计算机刚问世的时候,计算机上的程序都是单机版的,只能在一台机器上进行操作。但自从互联网诞生以来,大部分程序都是网络程序,单机版程序几乎不复存在。人们可以通过互联网进行交流和信息交换。计算机网络可以把不在同一个区域的计算机或者外部设备通过通信线路连接成一个规模大、功能强的网络系统。在这个网络系统中,计算机之间相互通信、共享数据。通过学习网络编程,人们可以了解如何设置程序使得两台计算机之间相互通信。

举一个简单的例子,当人们使用浏览器访问新浪网时,其本质是本地计算机和新浪的某台服务器通过因特网连接起来,然后,新浪的服务器把网页内容作为数据通过因特网传输到本地计算机上。

计算机上有两种不同的程序,一种是本地浏览器进程与服务器端某个进程进行通信,如新浪微博等,还有一种是本地某程序进程与服务器端某个进程进行通信,如 QQ、微信等。总之,都可归结为本地某个进程与服务器某个进程之间的通信。

网络通信就像邮寄信件,是信息与信息的交换,在生活中,两人通过信件方式进行通信需要经历几个固定的流程:发件人写信、发件人装信封、发件人投到邮箱、邮局取件、运输到目的地邮局、目的地邮局根据详细地址派送、收件人收件、收件人拆信封、收件人读信。

网络通信跟邮寄信件一样,会经历这样几个固定的流程:发送端写信息、发送端把信息通过规定好的协议进行组装包(里面包含目的地址)、发送端将数据包交给网关、路由转发到达目的网络、目的网络网关根据详细地址分发、接收端接收数据、接收端拆包、接收端读数据。

本章将详细介绍网络编程的概念、基于 socket 的网络编程、基于 requests 的网络编程和爬虫原理。

2.2 基本概念

学习网络编程,首先需要了解网络编程中涉及的一些基本概念。

2.2.1 C/S 架构和 B/S 架构

两个程序之间通信的应用大致可以分为两种类型:应用类程序和 Web 类程序。应用类程序指需要安装才可以使用的桌面应用,例如 QQ、微信等应用;Web 类程序是指使用浏览器访问就可以直接使用的应用,例如百度、知乎等网站。

这两种类型对应了软件开发的两种软件开发架构。

1. C/S 架构

C/S 架构就是 Client 与 Server 的架构,中文含义是客户端与服务器端架构。客户端一般泛指手机和计算机上的应用程序。这类程序一般需要先安装，之后才能在客户端进行使用。该类程序对客户端的操作系统依赖较大。其结构如图 2-1 所示。

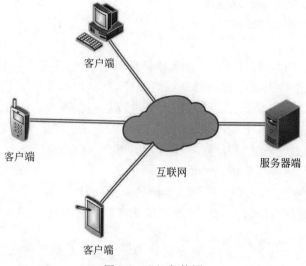

图 2-1　C/S 架构图

2. B/S 架构

B/S 架构就是 Browser 与 Server 的架构，中文含义是浏览器端与服务器端架构。浏览器端其实也是一种客户端，只是这个客户端不需要去安装应用程序，只须在浏览器上通过 HTTP 请求服务器端相关的资源。其结构如图 2-2 所示。

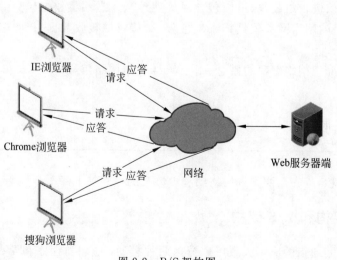

图 2-2　B/S 架构图

2.2.2　IP 地址

早期的计算机是独立以数据运算为主的机器，机器与机器之间无法进行通信或者信息交互。随着时代的发展,数据共享变得越来越重要,因此因特网诞生了。因特网将多台计算机连接起来,实现多台计算机之间的信息数据交换。

IP 地址就是给因特网上的每一个计算机分配一个全世界范围内唯一的 32 位标识符。IP 地址的结构可以更加方便地在因特网进行寻址。IP 地址现在由因特网名字和数字分配机构 ICANN(Internet Corporation for Assigned Names and Numbers)分配。

每个地址都由两个固定长度的字段组成,第一个字段为网络号(Net-ID),它标志着所连接到的网络。第二个字段为主机号(Host-ID),它标志着主机号。IP 地址在整个因特网范围内是唯一的。

这种两级的 IP 地址可以记为:

$$IP\ 地址\ ::=\{<网络号>,<主机号>\}$$

按照网络主机数量可将网络分为:局域网、城域网和广域网。

按照网络地址长度可将网络分为 IPv4 和 IPv6。

按照网络 ID 可将网络分为 A 类、B 类、C 类、D 类和 E 类。

(1) A 类:分配给大型机构及政府结构,1.0.0.1~126.255.255.254;

(2) B 类:分配给中型企业,128.0.0.1~191.255.255.254;

(3) C 类:分配给任何需要的个人,192.0.0.1~223.255.255.254;

(4) D 类:用于组播,224.0.0.1~239.255.255.254;

(5) E 类:用于实验,240.0.0.1~255.255.255.254。

除此之外,还有回送地址:127.0.0.1,指本地主机,一般用于测试。

2.2.3 网络端口

数据信息通信是程序与程序之间的通信,而通过 IP 地址寻址只能确定到某个具体的主机,无法确定是这台主机上的哪个程序正在进行通信。因此,计算机中出现了端口(port)的概念,它用来区分计算机上的不同程序。数据的发送和接收都需要通过端口出入计算机。端口号是唯一标识本机程序的。因此,同一台计算机上的两个程序不会同时占用同一个端口。计算机中端口号的范围是 0~65535。常见的端口有 mysql(3306)、oracle(1521)、tomcat(8080)等。根据使用场景,一般将端口分为公认端口、注册端口、动态或私有端口三种。

(1) 公认端口:0~1023。

(2) 注册端口:1025~49151。

(3) 动态或私有端口:49152~65535。

2.2.4 网络协议

网络协议是为计算机网络中的数据交换而建立的规则、标准或约定的集合。一台计算机有了操作系统和软件后,人们就可以在这台计算机上进行操作,但是无法与别的计算机进行交流。那么两台计算机要怎么样才能进行通信呢?这与人与人之间进行交流是类似的。人与人之间交流需要使用语言,而不同国家的人在交流时使用不同的语言就会产生交流障碍,因此全世界通用的英语诞生了。同样地,在网络通信中,最经典的计算机网络体系结构也应运而生,如图 2-3 所示。

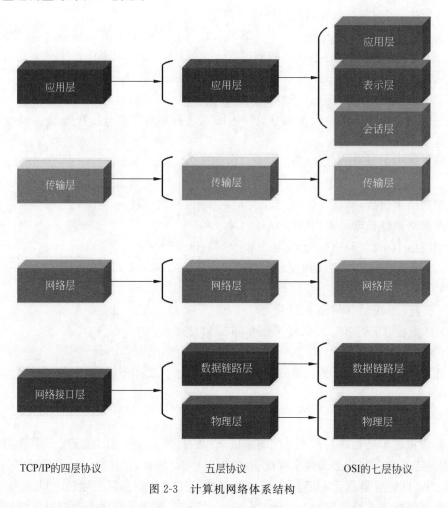

| TCP/IP的四层协议 | 五层协议 | OSI的七层协议 |

图 2-3 计算机网络体系结构

其中比较重要的有五层,从下到上依次是物理层、数据链路层、网络层、传输层和应用层。

(1)物理层:建立、维护、断开物理连接。传输单位是比特(bit)。

(2)数据链路层:建立逻辑连接,进行硬件地址寻址、差错校验等功能。将比特组合成字节进而组合成帧,用 MAC 地址访问介质,发现错误但不纠正。传输单位是帧(frame)。

(3)网络层:进行逻辑地址寻址,实现不同网络之间的路径选择。传输单位是数据包(package)。常见协议有 ICMP、IGMP、IP(IPv4 IPv6)、ARP、RARP 等。

(4)传输层:定义传输数据的协议和端口号,以及差错校验。传输单位是数据段(segment)。常见协议有 TCP、UDP。

(5)应用层:网络服务与最终用户的一个接口。常见协议有 HTTP、FTP、TFTP、SMTP、SNMP、DNS、TELNET、HTTPS、POP3、DHCP 等。

与本章内容紧密相关的是传输层的 TCP 和 UDP 两个协议。下面简单了解这两个协议的概念和主要特征。

1. TCP

TCP(Transmission Control Protocol,传输控制协议)是面向连接的协议。在收发数据前,服务器端和客户端必须建立可靠的连接。TCP旨在适应支持多网络应用的分层协议层次结构。该协议可在进程之间建立通信连接,提供可靠的端到端数据传输。TCP假设它可以从较低级别的协议获得简单但可能不可靠的数据报服务。原则上,TCP应该能够在从硬线连接到分组交换或电路交换网络的各种通信系统之上操作。

一个TCP连接必须要经过三次"对话"才能建立,下面简单介绍三次对话的过程:

(1) 客户端A向服务器端B发出连接请求数据包,这是第一次对话;

(2) 服务器端B向客户端A发送同意连接和要求同步(同步即一端在发送,一端在接收的协调工作)的数据包,这是第二次对话;

(3) 客户端A再发出一个数据包确认服务器端B的同步要求,这是第三次对话。

三次对话的目的是使数据包的发送和接收同步,点对点(一对一)通信,经过三次对话之后,客户端A才向服务器端B正式发送数据。

2. UDP

UDP(User Datagram Protocol,用户数据报协议)是面向无连接的协议。在收发数据前,服务器端和客户端不需要建立连接。UDP支持一对一、一对多、多对一和多对多的交互通信。UDP与TCP一样用于处理数据包,在OSI模型中,两者都位于传输层,处于IP的上一层。UDP有不提供数据包分组、组装和不能对数据包进行排序等缺点,也就是说,当报文发送之后,是无法得知其是否安全完整到达的。UDP用来支持那些需要在计算机之间传输数据的网络应用,包括网络视频会议系统在内的众多客户端/服务器模式的网络应用都需要使用UDP。UDP从问世起已经被使用了很多年,虽然其最初的光彩已经被一些类似的协议所掩盖,但即使在今天,UDP仍然不失为一项非常实用和可行的网络传输层协议。许多应用只支持UDP,例如多媒体数据流不产生任何额外的数据,即使知道有破坏的包也不进行重发。当强调传输性能而不是传输的完整性时,如音频和多媒体应用,UDP是最好的选择。在数据传输时间很短,以至于此前的连接过程成为整个流量主体的情况下,UDP也是一个好的选择。

3. TCP和UDP的比较

TCP与UDP的比较如表2-1所示。

表2-1　TCP与UDP的对比

	UDP	TCP
是否连接	无连接	面向连接
是否可靠	不可靠传输,不使用流量控制和拥塞控制	可靠传输,使用流量控制和拥塞控制
连接对象个数	支持一对一、一对多、多对一和多对多交互通信	只能是一对一通信
传输方式	面向报文	面向字节流
首部开销	首部开销小,仅8字节	首部最小20字节,最大60字节
适用场景	适用于实时应用(IP电话、视频会议、直播等)	适用于要求可靠传输的应用,例如文件传输

2.3 基于 socket 的网络编程

2.3.1 概述

1. socket 层

socket 层是应用层与传输层之间的一个抽象层。它只是一组接口,实际上并不存在。该层本质上帮助了两个程序之间的通信。socket 层所在的位置如图 2-4 所示。

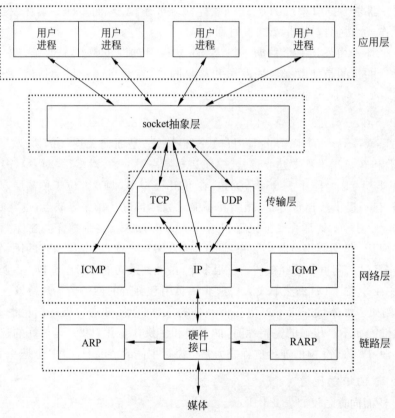

图 2-4　socket 层所在位置图

2. 套接字

套接字(socket)是对网络中不同主机上的应用进程之间进行双向通信端点的抽象。它由两个标识符构成:主机 IP 地址和端口号。这两个标识符结合就构成了一个套接字。在套接字的构成中,主机 IP 地址确定主机位置,端口号确定主机交互接口,因此,这个套接字能唯一标识网络中的一个进程。

在网络套接字交互过程中,出现了两种类型的套接字模型:

(1) 面向连接的 socket 模型(基于 TCP 的);

(2) 面向无连接的 socket 模型(基于 UDP 的)。

2.3.2 面向连接的 socket 模型

面向连接的 socket 模型又称基于 TCP 的 socket 模型。TCP 是一种可靠的、面向连接的协议。该模型下的应用有 Web 浏览器和电子邮件等,其构建过程如图 2-5 所示。

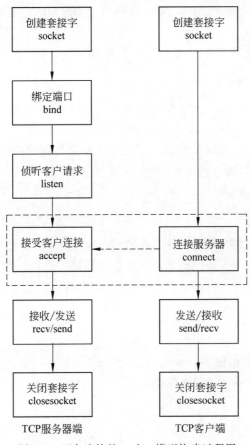

图 2-5 面向连接的 socket 模型构建过程图

根据上述面向连接的 socket 模型构建过程图可以进行 TCP 编程。TCP 编程分为服务器端和客户端两部分。

1. 服务器端

建立 TCP 服务器端过程可以分为以下 6 个步骤。

（1）创建 socket 对象,调用 socket 构造函数。

```
server=socket.socket(socket_family, socket_type, protocal=0)
```

这里 socket 连接类型选择为 socket.SOCK_STREAM,即面向连接。

（2）将 socket 绑定(指派)到指定的地址上。

```
server.bind(address)
```

参数 address 必须为一个双元素的元组(host,port),即 IP 地址+端口号。如果端口号

正在被使用或者保留，或主机名或 IP 地址错误，会引发 socket.error 异常。IP 地址为
localhost 或者 127.0.0.1 代表的是本地主机，即这台计算机。

（3）绑定后，必须准备好套接字，以便接受连接请求。

```
server.listen(backlog)
```

backlog 指定最多的连接数，至少为 1，接到连接请求后，这些请求必须排队，如果队列
已满，则拒绝请求。

（4）服务器端通过调用 socket 的 accept 方法等待客服请求一个连接。

```
conn, addr=server.accept()
```

调用 accept 方法时，socket 会进入阻塞状态。当有客户端请求连接访问时，会建立连
接。accept 方法会返回一个含有两个元素的元组，形如（conn，addr）。第一个元素是新的
socket 对象，服务器通过它与客户端通信，第二个元素是客户端的地址。

（5）处理阶段，服务器端通过 send 和 recv 方法通信。

```
conn.recv()
conn.send()
```

服务器调用 send，并采用字符串的形式向客户端发送信息。服务器使用 recv 方法从客
户端接收信息。调用 recv 时，必须指定一个整数来控制本次可以接收的最大数据量。如果
发送的量超过 recv 所允许的，数据会被截断，多余的数据将会处于缓冲阶段。

（6）服务器端调用 socket 的 close 方法以关闭连接。

```
server.close()
```

面向连接 socket 模型的服务器端代码如例 2-1 所示。

【例 2-1】 创建 TCP socket 服务器端

```
import socket

#定义服务器信息
print('初始化服务器主机信息')
HOST=socket.gethostname()       #本地主机,指这台计算机,对应的 IP 地址为 127.0.0.1
PORT=5000                       #端口 0~1024 为系统保留
ADDRESS=(HOST, PORT)
BUFFER=1024 #数据发送和接收的最大数据大小

#创建 TCP 服务 socket 对象
print("初始化服务器主机套接字对象......")
server=socket.socket(socket.AF_INET, socket.SOCK_STREAM) #面向网络的套接字:通过
网络进行数据交互, TCP 协议,server 就是 socket 的实例

#绑定主机信息
print('绑定的主机信息......')
server.bind(ADDRESS)            #元组,相当于一个参数
```

```
#启动服务器一次只能接受一个客户端请求,可以有10个请求排队
print("开始启动服务器......")
server.listen(10)

#等待来自客户端的连接
print('等待客户端连接')
conn, addr=server.accept()      #开始等待客户端连接

#等待连接
while True:
    recvmsg=conn.recv(BUFFER)
    data=recvmsg.decode("utf-8")
    print("收到来自客户端的消息: ", data)
    if data=="exit":
        break
    msg=input("请输入要发送的数据: ")
    conn.send(msg.encode("utf-8"))
server.close()
```

运行结果:

初始化服务器主机信息
初始化服务器主机套接字对象......
绑定的主机信息......
并始启动服务器......
等待客户端连接

2. 客户端

建立 TCP 客户端过程可以分为以下 4 个步骤。

(1) 创建 socket 对象。调用 socket 构造函数。

```
client=socket.socket(socket_family, socket_type, protocal=0)
```

这里 socket 连接类型选择为 socket.SOCK_STREAM,即面向连接。

(2) 连接服务器。

```
client.connect(address)
```

参数 address 必须为一个双元素的元组(host,port),即 IP 地址+端口号。如果端口号正在被使用或者保留,或主机名或 IP 地址错误,会引发 socket.error 异常。

(3) 处理阶段,客户端通过 send 和 recv 方法通信。

```
client.recv()
client.send()
```

(4) 客户端调用 socket 的 close 方法以关闭连接。

```
client.close()
```

面向连接 socket 模型的客户端代码如例 2-2 所示。

【例 2-2】 创建 TCP socket 客户端

```
import socket

#定义要连接的服务器信息
HOST=socket.gethostname()        #本地主机,指这台计算机,对应的 IP 地址为 127.0.0.1
PORT=5000                        #端口 0~1024 为系统保留
ADDRESS=(HOST, PORT)
BUFFER=1024                      #数据发送和接收的最大缓冲区大小

#创建客户端套接字对象
client=socket.socket(socket.AF_INET, socket.SOCK_STREAM) #相当于声明 socket 类
型,同时生成 socket 链接对象,面向网络的套接字:通过网络进行数据交互, TCP

#连接服务器
client.connect(ADDRESS)
print('欢迎连接服务器')

#给服务器发送消息
info=input("请输入要发送的信息: ")
client.send(info.encode("utf-8"))

#接收服务端信息
print("等待服务端发送信息: ")
data=client.recv(BUFFER)
print('收到服务端的发来的消息: ', data.decode("utf-8"))

client.close()
```

运行结果:

初始化服务器主机信息
初始化服务器主机套接字对象......
绑定的主机信息......
开始启动服务器......
等待客户端连接
收到来自客户端的消息: 你好,服务器端,我是客户端
请输入要发送的数据: 你好,客户端,我是服务器端
运行后,在客户端控制台出现如下信息:
欢迎连接服务器
请输入要发送的信息: 你好,服务器端,我是客户端
等待服务端发送信息:
收到服务端的发来的消息: 你好,客户端,我是服务器端

2.3.3　面向无连接的 socket 模型

面向无连接的 socket 模型又称基于 UDP 的 socket 模型。UDP(User Datagram

Protocol)是一种不可靠的、无连接的协议。该模型下的应用有域名系统（DNS）、视频流、IP
语音（VoIP）等。其构建过程如图 2-6 所示。

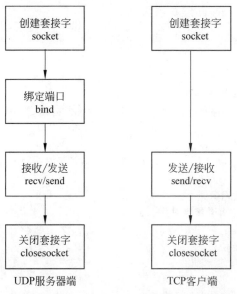

UDP服务器端   TCP客户端

图 2-6 面向无连接的 socket 模型构建过程图

根据上述面向无连接的 socket 模型构建过程图可以进行 UDP 编程。UDP 编程分为
服务器端和客户端两部分。

1. 服务器端

建立 UDP 服务器端过程可以分为以下 4 个步骤。

（1）创建 socket 对象。调用 socket 构造函数。

```
server=socket.socket(socket_family, socket_type, protocal=0)
```

这里 socket 连接类型选择为 socket.SOCK_DGRAM，即面向无连接。

（2）将 socket 绑定（指派）到指定的地址上。

```
server.bind(address)
```

参数 address 必须为一个双元素的元组（host，port），即 IP 地址＋端口号。如果端口号
正在被使用或者保留，或主机名或 IP 地址错误，会引发 socket.error 异常。IP 地址为
localhost 或者 127.0.0.1 代表的是本地主机，即这台计算机。

（3）处理阶段，服务器端通过 sendto 和 recvfrom 方法通信。

```
server.recvfrom()
server.sendto()
```

recvfrom()方法返回数据和客户端的地址与端口，这样，服务器端收到数据后，直接调
用 sendto()就可以把数据用 UDP 发给客户端。

（4）服务器端调用 socket 的 close 方法以关闭连接。

```
server.close()
```

面向无连接 socket 模型的服务器端代码如例 2-3 所示。

【例 2-3】 创建 UDP socket 服务器端

```
import socket

#定义服务器信息
print('初始化服务器主机信息')
HOST=socket.gethostname()            #本地主机,指这台计算机,对应的 IP 地址为 127.0.0.1
PORT=5000                            #端口 0~1024 为系统保留
ADDRESS=(HOST, PORT)
BUFFER=1024                          #数据发送和接收的最大缓冲区大小

#创建 UDP 服务 socket 对象
print("初始化服务器主机套接字对象......")
server=socket.socket(socket.AF_INET, socket.SOCK_DGRAM) #面向网络的套接字:通过
网络进行数据交互,UDP 协议,server 就是 socket 的实例

#绑定主机信息
print('绑定的主机信息......')
server.bind(ADDRESS) #元组,相当于一个参数

#等待连接
print('等待客户端连接')
while True:
    recvmsg, addr=server.recvfrom(BUFFER)
    data=recvmsg.decode("utf-8")
    print("收到来自客户端的消息: ", data)
    if data=="exit":
        break
    msg=input("请输入要发送的数据: ")
    server.sendto(msg.encode("utf-8"), addr)
server.close()
```

运行结果:

```
初始化服务器主机信息
初始化服务器主机套接字对象......
绑定的主机信息......
等待客户端连接
```

2. 客户端

建立 UDP 客户端过程可以分为以下 3 个步骤:

(1) 创建 socket 对象。调用 socket 构造函数。

```
client=socket.socket(socket_family, socket_type, protocal=0)
```

这里 socket 连接类型选择为 socket.SOCK_DGRAM,即面向无连接。

（2）处理阶段，服务器端通过 sendto 和 recvfrom 方法通信。

```
server.recvfrom()
server.sendto()
```

recvfrom()方法返回数据和服务器端的地址与端口，这样，客户端收到数据后，直接调用 sendto()就可以把数据用 UDP 发给服务器端。

（3）客户端调用 socket 的 close 方法以关闭连接。

```
client.close()
```

面向无连接 socket 模型的客户端代码，如例 2-4 所示。

【例 2-4】 创建 UDP socket 客户端

```
import socket

#定义要连接的服务器信息
HOST=socket.gethostname()     #本地主机,指这台计算机,对应的 IP 地址为 127.0.0.1
PORT=5000                     #端口 0~1024 为系统保留
ADDRESS=(HOST, PORT)
BUFFER=1024                   #数据发送和接收的最大缓冲区大小

#创建客户端套接字对象
client=socket.socket(socket.AF_INET, socket.SOCK_DGRAM) #相当于声明 socket 类型,
同时生成 socket 链接对象,面向网络的套接字:通过网络进行数据交互,UDP

#给服务器发送消息
info=input("请输入要发送的信息: ")
client.sendto(info.encode("utf-8"), ADDRESS)

#接收服务端信息
print("等待服务端发送信息: ")
recvmsg, addr=client.recvfrom(BUFFER)
data=recvmsg.decode("utf-8")
print('收到服务端的发来的消息: ', data)

client.close()
```

运行结果：

初始化服务器主机信息
初始化服务器主机套接字对象......
绑定的主机信息......
等待客户端连接
收到来自客户端的消息：你好,服务器端,我是客户端
请输入要发送的数据：你好,客户端,我是服务器端
运行后,在客户端控制台出现如下信息：
请输入要发送的信息：你好,服务器端,我是客户端

2.4 HTTP 和 HTTPS 通信原理

2.4.1 HTTP 通信原理

HTTP(HyperText Transfer Protocol,超文本传输协议)是一套计算机通过网络进行通信的规则,是 HTTP 客户端(Web 浏览器或其他程序)与 HTTP 服务器(Web 服务器)之间的应用层通信协议。HTTP 一般含有 HTTP、TCP 和 IP 三部分。Web 浏览器与 Web 服务器之间建立 HTTP 连接,需要完成下列 7 个步骤。

(1) 建立 TCP 连接(TCP 的三次握手)。

HTTP 是基于 TCP 的。因此,在 HTTP 工作开始之前,Web 浏览器要通过网络与 Web 服务器建立连接,而该连接是通过 TCP 来完成的。HTTP 是比 TCP 更高层次的应用层协议,根据规则,只有低层协议建立之后才能进行更高层的协议连接。因此,首先要建立 TCP,一般 TCP 连接的默认端口号是 80。

(2) Web 浏览器向 Web 服务器发送请求命令。

建立了 TCP 连接后,Web 浏览器就会向 Web 服务器发送请求命令。

(3) Web 浏览器发送请求头信息。

Web 浏览器发送请求命令之后,还要以头信息的形式向 Web 服务器发送一些其他信息。之后,通过发送一行空白行的方式来告诉 Web 服务器,已经结束了该头信息的发送。

(4) Web 服务器应答。

Web 服务器收到 Web 浏览器发送的请求之后,会给 Web 浏览器发送应答。应答信息包含协议的版本号、状态码和状态信息(如 HTTP/1.1 200 OK)。

状态码有以下几种。

① 1xx:指示信息——表示请求已接收,继续处理。

② 2xx:成功——表示请求已经被成功接收、理解、接受。

③ 3xx:重定向——表示要完成必须更进一步的操作。

④ 4xx:客户端错误——表示请求有语法错误或请求无法实现。

⑤ 5xx:服务器错误——表示服务器未能实现合法的请求。

(5) Web 服务器发送应答头信息。

Web 服务器会随同应答向 Web 浏览器发送关于它自己的数据及被请求的信息。

(6) Web 服务器向浏览器发送数据。

Web 服务器向 Web 浏览器发送信息。之后,通过发送一行空白行的方式来告诉 Web 浏览器,发送结束。

(7) Web 服务器关闭 TCP 连接。

一般情况下,Web 服务器和 Web 浏览器之间交流结束后,就需要关闭 TCP 连接。如果在浏览器或者服务器的头信息中加入了 Connection:keep-alive 这行代码,则结束后不会关闭 TCP 连接,可以节约网络带宽。

下面详细解释 HTTP 请求和响应的报文格式。

1. HTTP 请求报文

HTTP 请求报文主要由请求行、请求头部、空行和请求正文这 4 部分组成。

（1）请求行

构成方式：请求方式＋空格＋URL＋空格＋协议版本＋换行符。

请求方式：主要包括 GET、HEAD、PUT、POST、TRACE、OPTIONS、DELETE 等方法。

GET 是最常见的一种请求方式。当客户端要从服务器中读取文档时，在单击网页上的链接或者在浏览器的地址栏输入网址来浏览网页时，使用的都是 GET 方法。GET 方法要求服务器将 URL 定位的资源放在响应报文的数据部分，回送给客户端。使用 GET 方法时，请求参数和对应的值附加在 URL 后面，利用一个问号代表 URL 的结尾与请求参数的开始，传递参数长度受限制。

POST 可以允许客户端给服务器提供较多信息。POST 方法将请求参数封装在 HTTP 请求数据中，以名称/值的形式出现，可以传输大量数据，这样 POST 方式对传送的数据大小没有限制，而且也不会显示在 URL 中。

HEAD 类似于 GET，只不过服务端接收到 HEAD 请求后只返回响应头，而不会发送响应内容。

URL 全名为 Uniform Resource Locator(统一资源定位器)，通过描述资源的位置来标识资源。

协议版本的格式为 HTTP/主版本号.次版本号，常用的是 HTTP/1.0 和 HTTP/1.1。

（2）请求头部

请求头部为请求报文添加了一些附加信息，由关键字/值对组成，每行一对，关键字和值用英文冒号"："分隔。常见请求头及说明如表 2-2 所示。

表 2-2　常见请求头及说明

请　求　头	说　　　明
Host	接受请求的服务器地址，可以是 IP：端口号，也可以是域名
User-Agent	发送请求的应用程序名称
Connection	指定与连接相关的属性，如 Connection：Keep-Alive
Accept-Charset	通知服务器端可以发送的编码格式
Accept-Encoding	通知服务器端可以发送的数据压缩格式
Accept-Language	通知服务器端可以发送的语言

（3）空行

最后一个请求头之后是一个空行，发送回车符和换行符，通知服务器以下不再有请求头。

（4）请求正文

可选部分，在 GET 方法中不使用，在 POST 方法中使用。

2. HTTP 响应报文

HTTP 响应报文主要由状态行、响应头部、响应正文这 3 部分组成。

（1）状态行

方式为：协议版本＋空格＋状态码＋空格＋状态码描述＋回车符换行符。

协议版本：格式为 HTTP/主版本号.次版本号，常用的是 HTTP/1.0 和 HTTP/1.1。

状态码：为 3 位数字，200～299 的状态码表示成功，300～399 的状态码指资源重定向，400～499 的状态码指客户端请求出错，500～599 的状态码指服务端出错。常见的状态码及说明如表 2-3 所示。

表 2-3　常见状态码及说明

状态码	说　　明
200	响应成功
301	永久重定向，搜索引擎将删除源地址，保留重定向地址
302	暂时重定向，重定向地址由响应头中的 Location 属性指定。由于搜索引擎的判定问题，较为复杂的 URL 容易被其他网站使用更为精简的 URL 及 302 重定向劫持
304	缓存文件并未过期，还可继续使用，无需再次从服务端获取
400	客户端请求有语法错误，不能被服务器识别
401	请求未经授权，这个状态代码必须和 WWW-Authenticate 报头域一起使用
403	服务器收到请求，但是拒绝提供服务
404	请求资源不存在，例如输入了错误的 URL
500	服务器内部错误
503	服务器当前不能处理客户端的请求，一段时间后可能恢复正常

状态码描述：对状态码的具体描述。

（2）响应头部

响应头部与请求头部类似，为响应报文添加了一些附加信息，由关键字/值对组成，每行一对，关键字和值用英文冒号":"分隔。常见响应头及说明如表 2-4 所示。

表 2-4　常见响应头及说明

响　应　头	说　　明
Server	服务器应用程序软件的名称和版本
Content-Type	响应正文的类型（是图片还是二进制字符串）
Content-Length	响应正文长度
Content-Charset	响应正文使用的编码
Content-Encoding	响应正文使用的数据压缩格式
Content-Language	响应正文使用的语言

（3）响应正文

响应正文就是响应的消息体。如果请求的是 HTML 页面，则返回的是 HTML 代码。根据请求的对象不同，返回的响应正文也可以是 js 代码，JSON 格式的数据等。

2.4.2 HTTPS 通信原理

HTTPS 协议（HyperText Transfer Protocol over Secure Socket Layer），可以理解为 HTTP+SSL/TLS，也就是 HTTP 上又加入了一层处理加密信息的模块，即 SSL/TLS 层。HTTPS 的安全基础是 SSL/TLS，因此服务端和客户端的信息传输都会通过 SSL/TLS 进行加密，所以服务端和客户端之间传输的数据都是加密后的数据。它是一种用于安全的 HTTP 数据传输。HTTPS 一般含有 HTTP、SSL/TLS、TCP 和 IP 四部分。Web 服务器之间通过 HTTP 连接，该连接需要完成下列 12 个步骤。

（1）Web 浏览器向 Web 服务器发送请求命令。

Web 浏览器会向 Web 服务器发送请求命令。这个请求命令是明文传输的，主要包含协议版本信息、加密套件候选列表，压缩算法候选列表、随机数 random_C 和扩展字段等信息。其中各项解释如下。

① 协议版本信息：指 TSL 协议版本，从高到低分别是 SSLv2、SSLv3、TLSv1、TLSv1.1、TLSv1.2，当前基本使用的版本不低于 TLSv1 版本。

② 加密套件候选列表：加密套件（cipher suites）列表，每个加密套件对应前面 TLS 原理中的 4 个功能的组合。4 个功能分别为认证算法（身份验证）、密钥交换算法（密钥协商）、对称加密算法（信息加密）和信息摘要（完整性校验）。

③ 压缩算法候选列表：压缩算法（compression methods）列表，用于后续的信息压缩传输。

④ 随机数 random_C：用于后续密钥的生成。

⑤ 扩展字段：协议与算法的相关参数以及其他辅助信息等。

（2）Web 服务器向 Web 浏览器发送协商结果。

Web 服务器会向 Web 浏览器发送协商的信息结果，包括选择使用的协议版本信息、选择使用的加密套件、选择使用的压缩算法和随机数 random_S 等信息。

（3）Web 服务器配置对应的证书链。

Web 服务器配置对应的证书链，用于身份验证与密钥交换。

（4）Web 服务器通知 Web 浏览器发送信息结束。

Web 服务器通过发送一行空白行的方式来通知 Web 浏览器，已经结束了信息发送。

（5）Web 浏览器校验证书。

Web 浏览器只有验证证书的合法性后，才可以进行后续通信，否则会根据不同的错误情况做出不同的提示和操作。证书合法性验证包括：

① 验证证书的可信性；

② 验证证书是否吊销；

③ 验证证书是否在有效期内；

④ 验证证书域名与当前访问域名是否匹配。

（6）Web 浏览器给 Web 服务器发送随机数字。

Web 浏览器验证证书通过后，会计算产生随机数字 Pre-master，并用证书公钥加密，发送给 Web 服务器。

（7）Web 浏览器通知 Web 服务器后续的加密通信都采用协商的通信密钥和加密算法。

到现在为止，Web 浏览器已经获取了全部计算协商密钥需要的信息，然后通过两个明文随机数 random_C、random_S 和自己计算产生的 Pre-master 计算得到协商密钥。随后，Web 浏览器会通知 Web 服务器后续的加密通信都采用协商的通信密钥和加密算法。

（8）Web 浏览器向 Web 服务器发送相关信息的加密数据。

Web 浏览器结合之前所有通信参数的 Hash 值与其他相关信息生成一段数据，采用协商密钥 session secret 与算法进行加密，然后发送给 Web 服务器，用于数据与握手验证。

（9）Web 服务器验证并通知 Web 浏览器，后续的加密通信都采用协商的通信密钥和加密算法。

Web 服务器基于之前交换的两个明文随机数 random_C、random_S 和 Pre-master 得到协商密钥。Web 服务器解密客户端发送的信息，验证数据和密钥的正确性。验证成功后发送信息给 Web 浏览器，通知 Web 浏览器后续的加密通信都采用协商的通信密钥和加密算法。

（10）Web 服务器向 Web 浏览器发送相关信息的加密数据。

Web 服务器结合之前所有通信参数的 Hash 值与其他相关信息生成一段数据，采用协商密钥 session secret 与算法进行加密，然后发送给 Web 浏览器，用于数据与握手验证。

（11）Web 服务器向 Web 浏览器握手结束。

Web 浏览器计算所有接收信息的 Hash 值，并采用协商密钥解密，验证 Web 浏览器发送的数据和密钥，验证通过则握手完成。

（12）加密通信。

现在就可以使用协商密钥与算法进行加密通信了。

2.4.3　HTTP 和 HTTPS 的对比

HTTP 与 HTTPS 的对比如表 2-5 所示。

表 2-5　HTTP 与 HTTPS 的对比

	HTTP	HTTPS
是否有 SSL/TLS	没有	有
传递信息形式	明文信息传输	具有安全性的 SSL 加密信息
端口	80	443
传输方式	面向报文	面向字节流
安全性	一般	较安全

2.5 基于 requests 库的网络编程

2.5.1 requests 库概述

在用 Python 编写请求访问网站时,可以使用 Python 自带的 urllib2 去请求一个网站。但是在 Python 3 中,urllib2 已经不存在,且使用该库的函数较复杂。因此本书主要介绍一个比 urllib2 方便很多的、需要第三方下载的 Python 库——requests。requests 模块不是 Python 自带的,所以使用前必须先安装。通过命令行,运行 pip install requests,可安装 requests 库。

在网络爬虫方面,requests 库比 urllib2 方便许多。若已经安装了 requests 库,则可以通过以下方式,判断 requests 库有没有正确安装成功。在交互式环境中输入代码:import requests。如果没有错误信息显示,则 requests 库就安装成功了。

2.5.2 requests 库解析

requests 库有以下 5 种主要的请求方式(即方法)。

(1) requests.get():请求返回指定的页面信息,并返回实体主体。(主要使用)

(2) requests.head():只请求返回指定页面首部信息。

(3) requests.post():请求指定页面的服务器接收指定参数,并返回实体主体。(主要使用)

(4) requests.put():请求指定页面的服务器接收指定参数,并返回实体主体。

(5) requests.delete():请求指定页面的服务器删除指定的页面。

接下来用几个例子介绍 requests 库的主要功能。

1. get 请求

基本的 get 请求返回 URL 的页面信息,在这种情况下不带参数,参数为空,如例 2-5 所示。

【例 2-5】 get 方式访问页面

```
import requests

response=requests.get('http://httpbin.org/get')
print(response.text)
```

运行结果:

```
{
  "args": {},
  "headers": {
    "Accept": "* / * ",
    "Accept-Encoding": "gzip, deflate",
    "Host": "httpbin.org",
```

```
    "User-Agent": "python-requests/2.24.0",
    "X-Amzn-Trace-Id": "Root=1-5fc25d19-3fe5de7e1168e73b472c7063"
  },
  "origin": "112.2.254.91",
  "url": "http://httpbin.org/get"
}
```

将 name 和 age 传进去，带参数的 get 请求返回 URL 的页面信息，在这种情况下带参数，参数有值，如例 2-6 所示。

【例 2-6】 带参数的 get 请求

```
import requests

response=requests.get("http://httpbin.org/get? name=germey&age=22")
print(response.text)
```

运行结果：

```
{
  "args": {
    "age": "22",
    "name": "germey"
  },
  "headers": {
    "Accept": "*/*",
    "Accept-Encoding": "gzip, deflate",
    "Host": "httpbin.org",
    "User-Agent": "python-requests/2.24.0",
    "X-Amzn-Trace-Id": "Root=1-5fc25e4d-360c1cf70beaede76819b1e4"
  },
  "origin": "112.2.254.91",
  "url": "http://httpbin.org/get? name=germey&age=22"
}
```

将 name 和 age 通过 params 的方法传进去，带参数的 get 请求返回 URL 的页面信息，在这种情况下带参数，参数有值，如例 2-7 所示。

【例 2-7】 以字典传递 get 参数

```
import requests

data={
'name': 'germey',
'age': 22
}
response=requests.get("http://httpbin.org/get", params=data)
print(response.text)
```

运行结果：

```
{
  "args": {
    "age": "22",
    "name": "germey"
  },
  "headers": {
    "Accept": "*/*",
    "Accept-Encoding": "gzip, deflate",
    "Host": "httpbin.org",
    "User-Agent": "python-requests/2.24.0",
    "X-Amzn-Trace-Id": "Root=1-5fc25f0c-5f5eb8f06001a84373d3fd7e"
  },
  "origin": "112.2.254.91",
  "url": "http://httpbin.org/get? name=germey&age=22"
}
```

2. 返回值以各种形式返回

将请求到的网页信息返回值以 JSON 的形式展示，如例 2-8 所示。JSON 是一种轻量级的数据交换格式，易于阅读和编写，同时对于机器也易于解析和生成。它是一个序列化的对象或数组，本质上以由逗号分隔的键值对的形式呈现。如：{"name"："John Doe"，"age"：18，"address"：{"country" ："china"，"zip-code"："10000"}}就是一个 JSON 字符串。

【例 2-8】　接收 JSON 格式的返回结果

```
import requests
import json

response=requests.get("http://httpbin.org/get")
print(type(response.text))
print(response.json())
print(json.loads(response.text))
print(type(response.json()))
```

运行结果：

```
<class 'str'>
{'args': {}, 'headers': {'Accept': '*/*', 'Accept-Encoding': 'gzip, deflate', 'Host': 'httpbin.org', 'User-Agent': 'python-requests/2.24.0', 'X-Amzn-Trace-Id': 'Root=1-5fc25fe7-6f64c07a7efd661175c34144'}, 'origin': '112.2.254.91', 'url': 'http://httpbin.org/get'}
{'args': {}, 'headers': {'Accept': '*/*', 'Accept-Encoding': 'gzip, deflate', 'Host': 'httpbin.org', 'User-Agent': 'python-requests/2.24.0', 'X-Amzn-Trace-Id': 'Root=1-5fc25fe7-6f64c07a7efd661175c34144'}, 'origin': '112.2.254.91', 'url': 'http://httpbin.org/get'}
<class 'dict'>
```

将请求到的网页信息返回值以二进制的形式展示，如例 2-9 所示。

【例 2-9】 字符串与二进制类型的返回结果

```
import requests

response=requests.get("http://httpbin.org/get")
print(type(response.text), type(response.content))
print(response.text)
print(response.content)
```

运行结果：

```
<class 'str'><class 'bytes'>
{
  "args": {},
  "headers": {
    "Accept": "*/*",
    "Accept-Encoding": "gzip, deflate",
    "Host": "httpbin.org",
    "User-Agent": "python-requests/2.24.0",
    "X-Amzn-Trace-Id": "Root=1-5fc263a2-0f410ef82aec247d73bc2db8"
  },
  "origin": "112.2.254.91",
  "url": "http://httpbin.org/get"
}
```

```
b'{\n  "args": {}, \n  "headers": {\n    "Accept": "*/*", \n    "Accept-
Encoding": "gzip, deflate", \n    "Host": "httpbin.org", \n    "User-Agent":
"python-requests/2.24.0", \n    "X-Amzn-Trace-Id": "Root=1-5fc263a2-
0f410ef82aec247d73bc2db8"\n  }, \n  "origin": "112.2.254.91", \n  "url": "http://
httpbin.org/get"\n}\n'
```

3. 添加 headers

有些网站访问时必须带有浏览器等信息，如果不传入 headers 就会报错，即认证为爬虫行为，如例 2-10 所示。User-Agent 首部包含了一个特征字符串，用来让网络协议的对端来识别发起请求的用户代理软件的应用类型、操作系统、软件开发商以及版本号。HTTP Referer 是 header 的一部分，当浏览器向 Web 服务器发送请求的时候，一般会带上 Referer，告诉服务器该网页是从哪个页面链接过来的，服务器因此可以获得一些信息用于处理。因此，User-Agent 用于伪装浏览器，Referer 用于规避基本的防盗链。一般情况下，设置 User-Agent 就可以了。

【例 2-10】 缺少 header 时请求被拒

```
import requests

response=requests.get("https://www.zhihu.com")
print(response.text)
```

运行结果：

```
<html>
<head><title>400 Bad Request</title></head>
<body bgcolor="white">
<center><h1>400 Bad Request</h1></center>
<hr><center>openresty</center>
</body>
</html>
```

在这种情况下，必须要传入 headers，headers 中包含 User-Agent 信息。当传入 headers 时就能返回信息，如例 2-11 所示。

【例 2-11】 传递含 User-Agent 的 header

```
import requests

headers={
'User-Agent': 'Mozilla/5.0 (Macintosh; Intel Mac OS X 10_11_4) AppleWebKit/537.36
(KHTML, like Gecko) Chrome/52.0.2743.116 Safari/537.36'
}
response=requests.get("https://www.zhihu.com", headers=headers)
print(response.text)
```

运行结果：

```
<!doctype html>
...
```

4. post 请求

将参数值传递给 URL，如例 2-12 所示。

【例 2-12】 post 请求方式

```
import requests

data={'name': 'germey', 'age': '22'}
response=requests.post("http://httpbin.org/post", data=data)
print(response.text)
```

运行结果：

```
{
  "args": {},
  "data": "",
  "files": {},
  "form": {
    "age": "22",
    "name": "germey"
  },
```

```
    "headers": {
      "Accept": "*/*",
      "Accept-Encoding": "gzip, deflate",
      "Content-Length": "18",
      "Content-Type": "application/x-www-form-urlencoded",
      "Host": "httpbin.org",
      "User-Agent": "python-requests/2.24.0",
      "X-Amzn-Trace-Id": "Root=1-5fc264ed-7f15a3455caae7c142b8e659"
    },
    "json": null,
    "origin": "112.2.254.91",
    "url": "http://httpbin.org/post"
  }
```

5. 查看 requests 库属性值

（1）response.status_code：网页状态值，值 200 为正常的状态。

（2）response.headers：网页头部信息。

（3）response.cookies：网页 cookies 信息。

（4）response.url：网页 URL 信息。

（5）response.history：网页 history 信息。

具体结果如例 2-13 所示。

【例 2-13】 查看 requests 库属性值

```
import requests

response=requests.get('http://httpbin.org/get')
print(type(response.status_code), response.status_code)
print(type(response.headers), response.headers)
print(type(response.cookies), response.cookies)
print(type(response.url), response.url)
print(type(response.history), response.history)
```

运行结果：

```
<class 'int'>200
<class 'requests.structures.CaseInsensitiveDict'>{'Date': 'Sat, 28 Nov 2020 15:
02:06 GMT', 'Content-Type': 'application/json', 'Content-Length': '305', '
Connection': 'keep-alive', 'Server': 'gunicorn/19.9.0', 'Access-Control-Allow-
Origin': '*', 'Access-Control-Allow-Credentials': 'true'}
<class 'requests.cookies.RequestsCookieJar'><RequestsCookieJar[]>
<class 'str'>http://httpbin.org/get
<class 'list'>[]
```

6. 文件上传

使用 requests 库上传文件十分简单。上传文件时，文件的类型会被自动处理，如例 2-14 所示。

【例 2-14】 利用 requests 库上传文件

```
import requests

files={'file': open('name.txt', 'rb')}
response=requests.post("http://httpbin.org/post", files=files)
print(response.text)
```

运行结果：

```
{
  "args": {},
  "data": "",
  "files": {
    "file": "dsadsad"
  },
  "form": {},
  "headers": {
    "Accept": "*/*",
    "Accept-Encoding": "gzip, deflate",
    "Content-Length": "151",
    "Content-Type": "multipart/form-data; boundary=89e4b303398a09bc99f698a_
    312e80e0d",
    "Host": "httpbin.org",
    "User-Agent": "python-requests/2.24.0",
    "X-Amzn-Trace-Id": "Root=1-5fc2674b-0733c5ad2b7207b858eb372b"
  },
  "json": null,
  "origin": "112.2.254.91",
  "url": "http://httpbin.org/post"
}
```

7. 获取 cookie

当需要获取 cookie 信息时，可直接调用 response.cookies，如例 2-15 所示。在 HTTP 中，服务器是没有办法判断用户身份的。cookie 实际上是一小段的文本信息（key-value 格式）。客户端向服务器发起请求，如果服务器需要记录该用户状态，就使用 response 向客户端浏览器颁发一个 cookie，客户端浏览器会把 cookie 保存起来。当浏览器再请求该网站时，浏览器把请求的网址连同该 cookie 一同提交给服务器。服务器检查该 cookie，以此来辨认用户状态。

当用户第一次访问登录一个网站的时候，cookie 的设置以及发送需要经历以下 4 个步骤。

（1）客户端发送一个请求到服务器。

（2）服务器发送一个 HttpResponse 响应到客户端，其中包含 Set-Cookie 的头部。

（3）客户端保存 cookie，之后向服务器发送请求时，HttpRequest 请求中会包含一个 Cookie 的头部。

（4）服务器返回响应数据。

cookie 拥有以下 5 个属性项。

（1）NAME＝VALUE：键值对，可以设置要保存的 Key/Value。这里的 NAME 不能和其他属性项的名字一样。

（2）Expires：设置 cookie 的有效期。cookie 中的 maxAge 用来表示该属性，单位为秒。cookie 中通过 getMaxAge() 和 setMaxAge(int maxAge) 来读写该属性。maxAge 有 3 种值，分别为正数、负数和 0。正数，表示该 cookie 会在 maxAge 秒后自动失效；负数，表示临时 cookie，关闭浏览器立即失效；0，表示立即删除 cookie。

（3）Domain：生成该 cookie 的域名。

（4）Path：表明该 cookie 是在当前的哪个路径下生成的。

（5）Secure：如果设置了这个属性，那么只会在 SSH 连接时才会回传该 cookie。

【例 2-15】 获取 cookie

```
import requests

response=requests.get("https://www.baidu.com")
print(response.cookies)
for key, value in response.cookies.items():
    print(key+'='+value)
```

运行结果：

```
<RequestsCookieJar[<Cookie BDORZ=27315 for .baidu.com/>]>
BDORZ=27315
```

8. 代理设置

在进行爬虫爬取时，有时候爬虫会被服务器屏蔽，这时则需要通过代理 IP 进行访问，如例 2-16 所示。

【例 2-16】 设置访问代理

```
import requests

proxies={
"http": "http://xx.xx.xx.xx:xx",
"https": "https://xx.xx.xx.xx:xx",
}
response=requests.get("https://www.taobao.com", proxies=proxies)
print(response.status_code)
```

9. 超时设置

访问有些网站（尤其是国外网站）时可能会超时无限等待，因此就必须设置 timeout 值，如例 2-17 所示。

【例 2-17】 访问超时设置

```
import requests
```

```
from requests.exceptions import ReadTimeout

try:
    response=requests.get("http://httpbin.org/get", timeout=0.5)
    print(response.status_code)
except ReadTimeout:
    print('Timeout')
```

运行结果：

```
200
```

2.6 爬虫与数据采集

互联网将各种网络设备和信息连接在了一起，形成一个巨大的网络。这个网络中有许多的信息，而上网这一过程本质上是人们从互联网中获取信息的过程。

因此，爬虫从本质上就是用程序模拟人们上网抓取互联网上的信息并存储下来这一过程。而 Python 爬虫就是用 Python 语言实现该过程。

Python 爬虫的架构如图 2-7 所示。

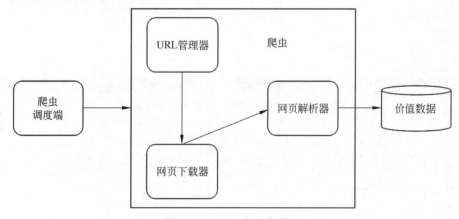

图 2-7　Python 爬虫架构图

Python 爬虫主要由 5 部分组成，即爬虫调度器、URL 管理器、网页下载器、网页解析器、价值数据。这 5 个组成部分的作用如下。

（1）调度器：类似于 CPU，负责调度 URL 管理器、下载器、解析器之间的协调工作。

（2）URL 管理器：管理待抓取 URL 集合和已抓取 URL 集合，防止重复抓取、循环抓取。

（3）网页下载器：通过传入一个 URL 地址来下载网页，将网页转换成一个字符串，网页下载器有 urllib2（自带插件）、requests（第三方插件）等。

（4）网页解析器：可以按照要求提取出有用的信息。网页解析器有正则表达式、BeautifulSoup（第三方插件）、lxml（第三方插件）等。

（5）价值数据：从网页中提取出的有用数据。

2.6.1　模拟浏览器

如例 2-10 所示，当用 requests.get（）等方法访问一些网站时，有时会获取到 403 Forbidden。这是因为该网站禁止了程序的访问。禁止访问的原因是这些网站设置了反爬虫机制，当网站检测到爬虫行为时，就会拒绝访问，所以返回 403 Forbidden 错误提醒。

这时便需要模拟浏览器进行访问，才能躲过网站的反爬虫机制，进而顺利地抓取想要的内容，也就是在上文 requests 函数中设置 headers 这个参数值。而在这个参数中，需要更改设置的主要是 User-Agent 字段。通过修改 User-Agent 字段就可以轻易"骗过"该网站。

User-Agent 会告诉网站服务器，访问者是通过什么工具来请求的，如果是爬虫请求，一般会拒绝，如果是用户浏览器，就会应答。

首先，尝试用浏览器正常打开 https://www.zhihu.com，User-Agent 字段的结果如图 2-8 所示。

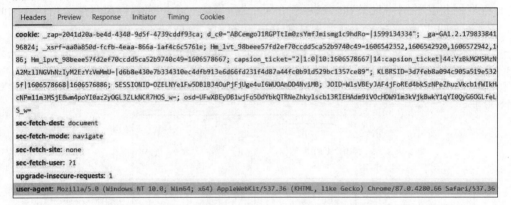

图 2-8　浏览器访问网址 User-Agent 结果图

本次访问使用的是 Chrome 浏览器，64 位的 Windows 10 系统。因此，查看 User-Agent 的结果为：Mozilla/5.0（Windows NT 10.0；Win64；x64）AppleWebKit/537.36（KHTML，like Gecko）Chrome/87.0.4280.66 Safari/537.36。

如上结果所示，User-Agent 通常的组成格式为：

Mozilla/5.0 (平台) 引擎版本 浏览器版本号

1. Mozilla/5.0

如今的 User-Agent 中通常都带有这个字样，因此固定加上就可以。

2. 平台

这部分可由多个字符串组成，用英文半角分号分开。

Windows NT 10.0 指使用的操作系统的版本，Win64；x64 指使用的操作系统是 64 位的。不同版本系统下对应的平台值如表 2-6 所示。

表 2-6　不同版本系统下对应的平台值

系统平台	系 统 版 本	平 台 值
Windows	Windows 2000	Windows NT 5.0
	Windows XP	Windows NT 5.1
	Windows 7	Windows NT 6.1
	Windows 8	Windows NT 6.2
	Windows 8.1	Windows NT 6.3
	Windows 10	Windows NT 10.0
	Win64 on x64	Win64；x64
	Win32 on x64	WOW64
Linux	Linux 桌面，i686 版本	X11；Linux i686
	Linux 桌面，x86_64 版本	X11；Linux x86_64
	Linux 桌面，运行在 x86_64 的 i686 版本	X11；Linux i686 on x86_64
MacOS	Intel x86 或者 x86_64	Macintosh；Intel Mac OS X 10_9_0
	PowerPC	Macintosh；PPC Mac OS X 10_9_0

3. 引擎版本

基本上都是 AppleWebKit/537.36（KHTML，like Gecko）…Safari/537.36 的格式，因此固定加上就可以。

4. 浏览器版本

Chrome/87.0.4280.66 表示使用 Chrome 浏览器。其中，87.0 是大版本，4280 是持续增大的一个数字，而 66 是修补漏洞的小版本。

2.6.2　爬取网页

爬取网页指通过传入一个 URL 地址来下载网页，将网页转换成一个字符串返回信息。Python 爬取网页主要有使用 urllib2 和使用 requests 这两种方式。因为 urllib2 在 Python 3 之后进行了很大的修改，较为复杂，因此下文用 requests 爬取网页的方式举例。

用 requests 爬取网页的主要方法如例 2-18 所示。

【例 2-18】　爬取页面的基本方式

```python
import requests

headers={
'User - Agent ': 'Mozilla/5.0 (Windows NT 10.0; Win64; x64) AppleWebKit/537.36
(KHTML, like Gecko) Chrome/87.0.4280.66 Safari/537.36'
}
response=requests.get("https://recomm.cnblogs.com/blogpost/10475054", headers
```

```
=headers)
print(response.text)
```

运行结果：

```
<!DOCTYPE html>
<html>
<head>
    <meta charset="utf-8" />
    <meta name="viewport" content="width=device-width, initial-scale=1.0" />
    <title>python3爬虫的模拟浏览器_园荐_博客园</title>
    <meta name="keywords" content="相关博文_python3爬虫的模拟浏览器,相关推荐" />
    <meta name="description" content="" />
...
```

2.6.3　用 BeautifulSoup 解析页面

BeautifulSoup 是一个标准的 Python 库，它可以从 HTML 和 XML 文件中提取数据。BeautifulSoup 会将 HTML 页面或者 XML 文件用树的方式构成，显示为层层嵌套的结点。BeautifulSoup 在没有指定特定编码方式的情况下，会将输入文档转化为 Unicode 编码格式，输出文档转化为 UTF-8 编码格式。

BeautifulSoup 中有一个极为重要的对象即标签(tag)对象。标签对象是 BeautifulSoup 对象通过 find，findAll 或者直接调用子标签获取的。在对各个结点进行操作时，都可以通过 tag 的一些属性或者函数完成。

下面讲述 BeautifulSoup 的具体功能。

1. 基本的查找标签

基本的查找标签有以下 6 个函数，其中 soup 是一个 BeautifulSoup 对象。

（1）soup.a 和 soup.find('a')：查找第一个 a 标签，返回值就是一个 tag 对象。

（2）soup.find('a', {'class': 'title abc'})：查找第一个 CSS 的 class 为 title abc 的 a 标签，返回值就是一个标签对象。

（3）soup.find_all('a')：查找所有的 a 标签，返回一个标签对象集合的列表。

（4）soup.find_all('a', class_='name')：查找 class 这个属性为 name 的 a 标签，返回一个标签对象集合的列表。

（5）soup.find_all('a', limit=3)：查找三个 a 标签，返回一个标签对象集合的列表。

（6）soup.find_all(text="")：查找 text 为某个字符串的结果，返回一个标签对象集合的列表。

2. 通过 CSS 选择器查找标签

通过 CSS 选择器查找标签有以下 3 个函数，其中 soup 是一个 BeautifulSoup 对象。

（1）soup.select('a')：查找所有的 a 标签，返回一个标签对象集合的列表。

（2）soup.select('.title')：查找所有 CSS 的 class 属性为 title 的结果，返回一个标签对象集合的列表。

（3）soup.select('♯name')：查找所有 CSS 的 ID 为 name 的结果，返回一个标签对象集合的列表。

3. 通过对象获取内容

通过对象获取内容有以下 7 种方式，其中 soup 是一个 BeautifulSoup 对象。

（1）soup.a['class'] 和 soup.a.get['class']：获取第一个 a 标签的 class 属性值。

（2）soup.a.name：获取第一个 a 标签的名字。

（3）soup.a.string：获取第一个 a 标签内非属性的字符串，如果是在
 内的非属性字符串，则必须通过 soup.a.get_text() 获取，通过 soup.a.string 获取不到。

（4）soup.a.strings：获取 a 标签内非属性的所有的字符串列表。

（5）soup.a.stripped_strings：获取 a 标签内非属性的所有的字符串列表，去除空白和空行。

（6）soup.a.text 和 soup.a.get_text()：获取第一个 a 标签内非属性的字符串。例如，<span>abc<a href="">＜/a>＜/span> 获取的是 abc。

（7）soup.a.attrs：获取第一个 a 标签的所有属性。

4. 通过标签对象获取内容

（1）tag.string ＝""：修改标签内部的字符串。

（2）tag.append("")：直接在标签内部字符串后面添加字符串。

（3）tag.clear()：删除标签内部所有的内容。

（4）tag.decompose()：删除当前标签。

（5）tag.extract()：移除当前标签。

（6）tag.children：获取该对象直接子结点。

（7）tag. descendants：获取该对象所有子结点。

（8）tag.parent：获取该对象上一个父结点。

（9）tag.parents：获取该对象所有父辈结点。

（10）tag.next_sibling：获取该对象下一个兄弟结点。

（11）tag.previous_sibling：获取该对象上一个兄弟结点。

（12）tag.next_siblings 和 tag.previous_siblings：获取该对象所有兄弟结点。

2.6.4　正则表达式和 re 库

在网络爬虫中，一般用 BeautifulSoup 解析页面时都要用到 re 库。因此，本部分介绍 re 库的基本使用规则。re 库是 Python 独有的用于匹配字符串的库，该库中提供的很多功能是基于正则表达式实现的，而正则表达式是对字符串进行模糊匹配，提取自己需要的字符串部分。re 库中的方法大多借助正则表达式，故首先介绍正则表达式。

1. 常用正则表达式

1）字符组

在同一个位置可能出现的各种字符组成了一个字符组，在正则表达式中用[]表示，常用的字符组及其说明如表 2-7 所示。

表 2-7   常用字符组及说明

字 符 组	待匹配字符	匹配结果	说　　明
[0123456789]	3	True	在一个字符组内枚举所有合法的字符,字符组内任意一个字符都会与带匹配的字符相匹配
[0123456789]	a	False	字符组中没有待匹配字符,所以匹配不成功
[0-9]	7	True	表示 0～9,与[0123456789]含义相同
[a-z]	h	True	表示 a～z,所有小写字母
[A-Z]	K	True	表示 A～Z,所有大写字母
[0-9a-fA-F]	v	True	表示 0～9 和大小写形式的 a～f

2) 字符

常用的字符及其说明如表 2-8 所示。

表 2-8   常用字符及说明

字　符	匹配内容	字　符	匹配内容
.	匹配除换行符以外的任意字符	$	匹配字符串的结尾
\w	匹配字母或数字或下画线	\W	匹配非字母或数字或下画线
\s	匹配任意的空白符	\D	匹配非数字
\d	匹配数字	\S	匹配非空白符
\n	匹配一个换行符	a｜b	匹配字符 a 或字符 b
\t	匹配一个制表符	()	匹配括号内的表达式,也表示一个组
\b	匹配一个单词的结尾	[…]	匹配字符组中的字符
^	匹配字符串的开始	[^…]	匹配除了字符组中字符的所有字符

3)量词

常用的量词及其说明如表 2-9 所示。

表 2-9   常用量词及说明

量词	用 法 说 明	量词	用 法 说 明
*	重复零次或更多次	{n}	重复 n 次
+	重复一次或更多次	{n,}	重复 n 次或更多次
?	重复零次或一次	{n,m}	重复 n～m 次

2. re 库

(1) re.match(pattern,string,flags＝0):尝试从字符串的起始位置匹配一个模式,如果不是起始位置匹配成功,match()就返回 none。各参数说明如下。

① pattern:匹配的正则表达式。

② string:要匹配的字符串。

③ flags：标志位，用于控制正则表达式的匹配方式。

（2）re.search(pattern,string,flags＝0)：扫描整个字符串并返回第一个成功的匹配。re.search 匹配整个字符串，直到找到一个匹配。各参数说明如下。

① pattern：匹配的正则表达式。

② string：要匹配的字符串。

③ flags：标志位，用于控制正则表达式的匹配方式。

（3）re.sub(pattern,repl,string,count＝0,flags＝0)：替换字符串中的匹配项。各参数说明如下。

① pattern：正则表达式中的模式字符串。

② repl：替换的字符串，也可为一个函数。

③ string：要被查找替换的原始字符串。

④ count：模式匹配后替换的最大次数，默认 0 表示替换所有的匹配。

（4）re.compile(pattern[,flags])：用于编译正则表达式，生成一个正则表达式对象，供 match()和 search()这两个函数使用。各参数说明如下。

① pattern：一个字符串形式的正则表达式。

② flags：可选，表示匹配模式，例如忽略大小写，多行模式等。

- re.I：忽略大小写。
- re.L：表示特殊字符集 \w,\W,\b,\B,\s,\S 依赖当前环境。
- re.M：多行模式。
- re.S：行模式，即符号点"."的匹配范围扩展到整个字符串，包括换行符'\n'。
- re.U：表示特殊字符集 \w,\W,\b,\B,\d,\D,\s,\S 依赖 Unicode 字符属性数据库。
- re.X：为了增加可读性，忽略空格和♯后的注释。

（5）findall(string[,pos[,endpos]])：在字符串中找到正则表达式匹配的所有子串，并返回一个列表，如果没有找到匹配项，则返回空列表。各参数说明如下。

① string：待匹配的字符串。

② pos：可选参数，指定字符串的起始位置，默认为 0。

③ endpos：可选参数，指定字符串的结束位置，默认为字符串的长度。

（6）re.finditer(pattern,string,flags＝0)：和 findall 类似，在字符串中找到正则表达式匹配的所有子串，并把它们作为一个迭代器返回。

① pattern：匹配的正则表达式。

② string：要匹配的字符串。

③ flags：标志位，用于控制正则表达式的匹配方式，如是否区分大小写，多行匹配等。

（7）re.split(pattern,string[,maxsplit＝0,flags＝0])：split 方法按照能够匹配的子串将字符串分割后返回列表。各参数说明如下。

① pattern：匹配的正则表达式。

② string：要匹配的字符串。

③ maxsplit：分隔次数，maxsplit＝1 表示分隔一次。默认为 0，不限制次数。

④ flags：标志位，用于控制正则表达式的匹配方式，如是否区分大小写，多行匹配等。

2.7 邮件收发

2.7.1 邮件收发原理

要在因特网上提供电子邮件功能,就必须有专门的电子邮件服务器。知名的邮件服务商 QQ、126、163 等都有自己的邮件服务器。这些邮件服务器类似于现实生活中的邮局,其主要功能是接收用户投递的邮件,并把邮件投递到邮件接收者的邮箱中。电子邮箱需要在邮件服务商上申请。准确来说,电子邮箱其实就是用户在邮件服务商上申请的一个账户。当一个用户在邮件服务商上申请一个账户之后,邮件服务商就会为这个账户分配一定的空间来发送电子邮件和保存别人发送的电子邮件。当 A 用户从 QQ 邮箱发送邮件到 B 用户 163 邮箱时,需要遵循图 2-9 所示的步骤。

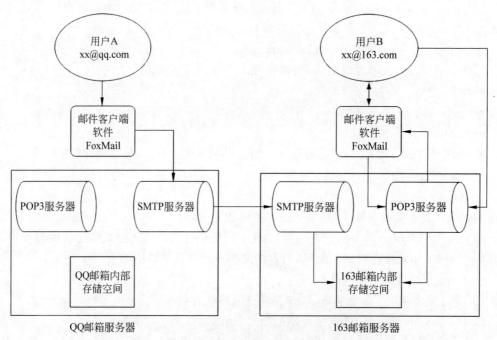

图 2-9　不同邮箱服务器之间的发送/接收过程

图 2-9 中分别有 6 个步骤。

(1)电子邮箱为 xx@qq.com 的用户 A,通过邮件客户端软件写好一封邮件,传递到 QQ 邮箱的邮件服务器,这一步使用的邮件服务器是 SMTP 邮件服务器。

(2)QQ 服务器会对用户 A 发送的邮件进行解析,判断收件人使用的是否为自己管辖的账户,即是否为 QQ 邮箱地址。如果收件人使用的也是 QQ 邮箱,则直接存储到 QQ 自己的存储空间内;如果收件人使用的不是 QQ 邮箱,而是 163 邮箱,则会转发到 163 邮箱服务器,转发使用的邮件服务器也是 SMTP 邮件服务器。

(3)163 邮箱服务器接收到从 QQ 邮箱转发过来的邮件,会对邮件进行解析,判断收件人使用的是否为自己管辖账户,即是否为 163 邮箱地址。如果收件人使用的是 163 邮箱,则直接存储到 163 自己的存储空间内。

（4）用户 A 将邮件发送之后，就会通知用户 B 去指定的邮箱收取邮件。用户 B 会通过邮件客户端软件先向 163 邮箱服务器请求，这一步使用的邮件服务器是 POP3 邮件服务器，要求收取自己的邮件。

（5）163 邮箱服务器收到用户 B 的请求后，会从自己的存储空间中取出 B 未收取的邮件，这一步使用的邮件服务器是 POP3 邮件服务器。

（6）163 邮箱服务器取出用户 B 未收取的邮件后，将邮件发给用户 B，这一步使用的邮件服务器是 POP3 邮件服务器。

因此，从功能上进行划分，邮件服务器可以分为两种类型：SMTP 邮件服务器和 POP3/IMAP 邮件服务器。

1. SMTP 邮件服务器

SMTP(Simple Mail Transfer Protocol,简单邮件传输协议)是用于传送电子邮件的机制。用户连接上邮件服务器之后，想要给它发送一封电子邮件，就需要遵循一定的通信规则，SMTP 协议就是用来定义这种通信规则的。该协议是在 RFC-821 中定义的，采用客户端/服务器工作模式，默认使用 TCP 25 端口。

SMTP 邮件服务器的工作原理要分为以下 9 个步骤。

（1）客户端使用 TCP 连接 SMTP 邮件服务器的 25 端口。

（2）客户端发送报文将自己的域地址告诉 SMTP 邮件服务器。

（3）SMTP 邮件服务器接收连接请求，向客户端发送请求账号密码的报文。

（4）客户端向 SMTP 邮件服务器传送账号和密码，如果验证成功，向客户端返回 OK 命令，表示可以开始报文传输。

（5）客户端使用 MAIL 命令将邮件发送者的名称发送给 SMTP 邮件服务器。

（6）SMTP 邮件服务器发送 OK 命令做出响应。

（7）客户端使用 RCPT 命令发送邮件接收者地址，如果 SMTP 邮件服务器能识别这个地址，就向客户端发送 OK 命令，否则拒绝这个请求。

（8）收到 SMTP 邮件服务器的 OK 命令后，客户端使用 DATA 命令发送邮件的数据。

（9）客户端发送 QUIT 命令终止连接。

2. POP3/IMAP 邮件服务器

POP3(Post Office Protocol 3,邮局协议版本 3)用于支持使用客户端远程管理在服务器上的电子邮件。用户若想从邮件服务器管理的电子邮箱中接收一封电子邮件，连上邮件服务器后，也要遵循一定的通信格式，POP3 就是用来定义这种通信格式的。该协议是在 RFC-1939 中定义的，是因特网上的大多数人用来接收邮件的机制。POP3 采用客户端/服务器工作模式，默认使用 TCP 110 端口。

POP3 邮件服务器的工作原理要分为以下 7 个步骤。

（1）客户端使用 TCP 协议连接 POP3 邮件服务器的 110 端口。

（2）客户端使用 USER 命令将邮箱的账号传给 POP3 邮件服务器。

（3）客户端使用 PASS 命令将邮箱的账号传给 POP3 邮件服务器。

（4）完成用户认证后，客户端使用 STAT 命令请求 POP3 邮件服务器返回邮箱的统计资料。

（5）客户端使用 LIST 命令列出服务器中的邮件数量。

（6）客户端使用 RETR 命令接收邮件，接收一封后便使用 DELE 命令将 POP3 邮件服务器中的邮件置为删除状态。

（7）客户端发送 QUIT 命令，POP3 邮件服务器将置为删除标志的邮件删除，连接结束。

2.7.2　邮件发送代码

本节介绍一个用 smtplib 和 email 发送带附件邮件的示例。其中邮件授权码需要在发件邮箱网页设置中开启 POP3/SMTP 服务和 IMAP/SMTP 服务得到，如例 2-19 所示。

【例 2-19】　发送带附件的邮件

```
import smtplib
from email.mime.text import MIMEText
from email.mime.multipart import MIMEMultipart
from email.header import Header

def main():
    sender='xxxx@qq.com'                    #发件邮箱
    passwd='xxxxxxxx'                        #邮箱授权码
    receivers='xxxx@qq.com'                  #收件邮箱

    subject='python 发带附件的邮件测试'  #主题

    #创建一个带附件的实例
    msg=MIMEMultipart()
    msg['Subject']=subject
    msg['From']=sender
    msg['To']=receivers

    #创建正文,将文本文件添加到 MIMEMultipart 中
    msg.attach(MIMEText('使用 python smtplib 模块和 email 模块自动发送邮件测试','
plain','utf-8'))

    #构造附件 1,传送当前目录下文件
    att1=MIMEText(open('name.xlsx','rb').read(),'base64','utf-8')
                                            #rb 以二进制方式读取
    #filename 为附件名称,可以任意写,邮件中显示写入的名字
    att1["Content-Disposition"]='attachment; filename="name.xlsx"'
    #将附件添加到 MIMEMultipart 中
    msg.attach(att1)

    #构造附件 2
```

```
att2=MIMEText(open('name.txt','rb').read(),'base64','utf-8')
#filename 为附件名称,可以任意写,邮件中显示写入的名字
    att2["Content-Disposition"]='attachment; filename="name.txt" '
    #将附件添加到 MIMEMultipart 中
    msg.attach(att2)

    try:
        s=smtplib.SMTP_SSL('smtp.qq.com',465)
        s.set_debuglevel(1)        #输出发送邮件的详细过程
        s.login(sender,passwd)
        s.sendmail(sender,receivers,msg.as_string())
        print('Send Succese')
    except:
        print('Send Failure')

if __name__=='__main__':
    main()
```

运行结果:

```
send: 'ehlo [10.0.141.35]\r\n'
reply: b'250-newxmesmtplogicsvrsza5.qq.com\r\n'
reply: b'250-PIPELINING\r\n'
reply: b'250-SIZE 73400320\r\n'
reply: b'250-AUTH LOGIN PLAIN\r\n'
reply: b'250-AUTH=LOGIN\r\n'
reply: b'250-MAILCOMPRESS\r\n'
reply: b'250 8BITMIME\r\n'
reply: retcode (250); Msg: b'newxmesmtplogicsvrsza5.qq.com\nPIPELINING\nSIZE
73400320\nAUTH LOGIN PLAIN\nAUTH=LOGIN\nMAILCOMPRESS\n8BITMIME'
send: 'AUTH PLAIN ADgzNjc0MTA2M0BxcS5jb20AZndiZnZjbGp3bGF2YmNnag==\r\n'
reply: b'235 Authentication successful\r\n'
reply: retcode (235); Msg: b'Authentication successful'
send: 'mail FROM:<xxxx@qq.com>size=23444\r\n'
reply: b'250 OK.\r\n'
reply: retcode (250); Msg: b'OK.'
send: 'rcpt TO:<xxxx@qq.com>\r\n'
reply: b'250 OK\r\n'
reply: retcode (250); Msg: b'OK'
send: 'data\r\n'
reply: b'354 End data with <CR><LF>.<CR><LF>.\r\n'
reply: retcode (354); Msg: b'End data with <CR><LF>.<CR><LF>.'
data: (354, b'End data with <CR><LF>.<CR><LF>.')
send: b'Content-Type: multipart/mixed;
boundary="===============7043309772196025404=="\r\nMIME-Version: 1.0\r\
nSubject:=? utf-8? b? cHl0aG9u5Y+R5bim6ZmE5Lu255qE6YKu5Lu25rWL6K+V =\r\nFrom:
```

836741063@qq.com\r\nTo:

836741063@qq.com\r\n\r\n--================7043309772196025404==\r\nContent
-Type: text/plain; charset="utf-8"\r\nMIME-Version: 1.0\r\nContent-Transfer-
Encoding:

base64 \r \n \r \ n5L2/55SocHl0aG9uIHNtdHBsaWLmqKHlnZflkoxlb WFpbOaooeWdl +
iHquWKqOWPkemAgemCruS7\r \ntua1i + iv1Q = = \r \n \r \n--================
7043309772196025404==\r\nContent-Type:

text/base64; charset="utf-8"\r\nMIME-Version: 1.0\r\nContent-Transfer-
Encoding:

base64\r\nContent-Disposition: attachment; filename="name.xlsx"
\r \n \r \ nUEsDBBQABgAIAAAAIQAl JuX3dQEAAEEFAAATAAgCW0NvbnRlbnRfVHlwZXNdLn
htbCCiBAIooAAC \r \nAAAAAAAAAAAAAAAAAAAAAAAAAAAAAAAAAAAAAAAAAAAAAAAAAAAAAA
AAAAAAAAAAAAAAAAAAA \r \nAAAAAAAAAAAAAAAAAAAAAAAAAAAAAAAAAAAAAAAAAAAAAAAAAA
AAAAAAAAAAAAAAAAAAAAAAAAAAA\r\nAAAAAAAAAAAAAAA

...

AAA \r \nAAAAAAAAAO43AABkb2NQcm9wcy9hcHAueG1sUEsBAi0AFAAGAAgAAAAhAFZsANoDAQA
AfwEAABMA \r \nAAAAAAAAAAAAAAAAsToAAGRvY1Byb3BzL2N1c3RvbS54bWxQSwUGAAAAAA0AD
QBWAwAA7TwAAAAA\r\n\r\n--================7043309772196025404==\r\nContent-
Type: text/base64; charset="utf-8"\r\nMIME-Version:

1.0\r\nContent-Transfer-Encoding: base64\r\nContent-Disposition: attachment;
filename="name.txt" \r\n\r\n\r\nZHNhZHNhZA == \r\n\r\n--================
7043309772196025404==--\r\n.\r\n'
reply: b'250 OK: queued as.\r\n'
reply: retcode (250); Msg: b'OK: queued as.'
data: (250, b'OK: queued as.')
Send Succese

运行后，收件人邮箱出现如图 2-10 所示的信息。

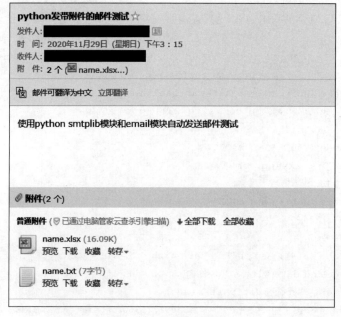

图 2-10　收到邮件效果

2.8　应用实例

本节介绍一个用 requests 和 BeautifulSoup 爬取起点中文网小说的实例。

首先打开起点中文网，选择想要爬取的小说。按下 F12 键打开控制台，选择 Network，再选择 XHR，查看访问该网址时对应的_csrfToken 和 bookId 值，填入对应的 URL 中，即可进行爬取。值得注意的是，起点中文网的 VIP 部分不能通过该方法爬取成功，如例 2-20 所示。

【例 2-20】　爬取小说页面

```python
import requests
import re
from bs4 import BeautifulSoup
from requests.exceptions import *
import random
import json
import time
import os
import sys


#随机返回 list 中的某个 User-Agent 设置值,防止被禁
def get_User_Agent():
    list=['Mozilla/5.0 (Windows NT 10.0; Win64; x64) AppleWebKit/537.36 (KHTML,
like Gecko) Chrome/87.0.4280.66 Safari/537.36',
          'Mozilla/5.0 (Windows NT 6.3; Win64; x64) AppleWebKit/537.36 (KHTML,
like Gecko) Chrome/70.0.3538.77 Safari/537.36',
          'Mozilla/5.0 (Windows NT 6.2; Win64; x64) AppleWebKit/537.36 (KHTML,
like Gecko) Chrome/70.0.3538.77 Safari/537.36',
          'Mozilla/5.0 (Windows NT 6.1; Win64; x64) AppleWebKit/537.36 (KHTML,
like Gecko) Chrome/70.0.3538.77 Safari/537.36',
          'Mozilla/5.0 (Windows NT 6.3; WOW64) AppleWebKit/537.36 (KHTML, like
Gecko) Chrome/41.0.2225.0 Safari/537.36',
          'Mozilla/5.0 (Windows NT 6.2; WOW64) AppleWebKit/537.36 (KHTML, like
Gecko) Chrome/41.0.2225.0 Safari/537.36',
          'Mozilla/5.0 (Windows NT 6.1; WOW64) AppleWebKit/537.36 (KHTML, like
Gecko) Chrome/41.0.2225.0 Safari/537.36']
    return list[random.randint(0, len(list)-1)]


#返回 URL 网址上书籍的卷章(Page)ID 和每个卷章(Page)对应的章节(Chap)数目
def getPageAndChapSize():
    url='https://book.qidian.com/ajax/book/category? _
csrfToken=MVuoRBMjHUrdXeUOgwsE8EnPGOvBWH7KDy8Qh7fr&bookId=114559'
```

```
        headers={'User-Agent': get_User_Agent(),
                'Referer': 'https://book.qidian.com/info/114559'
        }
    try:
        response=requests.get(url=url, params=headers)
        if response.status_code==200:
            json_str=response.text
            list=json.loads(json_str)['data']['vs']
            volume={
                'VolumeId_List': [],
                'VolumeNum_List': []
            }
            for i in range(len(list)):
                json_str=json.dumps(list[i]).replace(" ", "")
                volume_id=re.search('.*?"vId":(.*?),', json_str, re.S).group(1)
                volume_num=re.search('.*?"cCnt":(.*?),', json_str, re.S).group(1)
                volume['VolumeId_List'].append(volume_id)
                volume['VolumeNum_List'].append(volume_num)
            print(volume)
            return volume
        else:
            print('No response')
            return None
    except Exception:
        print("请求页面出错!")
        return None


#通过卷章 ID 找到要爬取的页面,并返回页面 HTML 信息。
#其中,VolId_List 为卷章(Page)ID;VolNum_List 为每个卷章(Page)对应的章节(Chap)数目
def getPage(VolId_List, VolNum_List):
    for i in range(len(VolId_List)):
        path='书/第'+str(i+1)+'卷_共'+VolNum_List[i]+'章'
        mkdir(path)
        url='https://read.qidian.com/hankread/114559/'+VolId_List[i]
        print('\n 目前访问的卷章路径: '+url)
        headers={
            'User-Agent': get_User_Agent(),
            'Referer': 'https://book.qidian.com/info/114559'
        }
        try:
            response=requests.get(url=url, params=headers)
            if(response.status_code==200):
                print('第'+str(i+1)+'卷已开始爬取')
```

```
            getChapAndSavetxt(response.text, url, path, int(VolNum_List[i]))
            print('第'+str(i+1)+'卷爬取结束')
        else:
            print('No response')
            return None
    except ReadTimeout:
        print("ReadTimeout!")
        return None
    except RequestException:
        print("请求页面出错!")
        return None
    time.sleep(5)
```

#解析小说内容页面,将每章节(Chap)内容写入.txt文件,并存储到相应的卷章(Page)目录下
#其中,html为小说内容页面;url为访问路径;path为卷章存储路径;chapNum为每个卷章
(Page)对应的章节(Chap)数目

```
def getChapAndSavetxt(html, url, path, chapNum):
    if html==None:
        print('访问路径为'+url+'的页面为空')
        return
    soup=BeautifulSoup(html, 'lxml')
    ChapInfoList=soup.find_all('div', attrs={'class': 'main-text-wrap'})
    print('该卷章一共有'+str(len(ChapInfoList))+'个章节')
    for i in range(len(ChapInfoList)):
        time.sleep(1)
        soup1=BeautifulSoup(str(ChapInfoList[i]), 'lxml')
        ChapName=soup1.find('h3', attrs={'class': 'j_chapterName'}).span.string
        ChapName=re.sub('[\/: * ?"<>|]', '', ChapName)
        filename=path+'//'+'第'+str(i+1)+'章. '+ChapName+'.txt'
        readContent=soup1.find('div', attrs={'class': 'read-content
        j_readContent'}).find_all('p')
        for item in readContent:
            paragraph=re.search('. * ? <p>(. * ?)</p>', str(item), re.S).group(1)
            save2file(filename, paragraph)
```

#将内容写入文件
#其中,filename为存储的文件路径,content为要写入的内容

```
def save2file(filename, content):
    with open(r''+filename, 'a', encoding='utf-8') as f:
        f.write(content+'\n')
        f.close()
```

#创建卷章目录文件夹

```
#其中,path 为要创建的路径
def mkdir(path):
    folder=os.path.exists(path)
    if(not folder):
        os.makedirs(path)
    else:
        print('路径'+path+'已存在')


def main():
    volume=getPageAndChapSize()
    if(volume !=None):
        VolId_List=volume['VolumeId_List']
        VolNum_List=volume['VolumeNum_List']
        getPage(VolId_List, VolNum_List)
    else:
        print('无法爬取该小说!')
    print("小说爬取完毕!")


if __name__=='__main__':
    main()
```

运行结果：

```
{'VolumeId_List': ['513731', '513732', '530272', '1114559'], 'VolumeNum_List': ['52',
'40', '33', '701']}
```

目前访问的卷章路径：https://read.qidian.com/hankread/114559/513731
第 1 卷已开始爬取
该卷章一共有 52 个章节
第 1 卷爬取结束

目前访问的卷章路径：https://read.qidian.com/hankread/114559/513732
第 2 卷已开始爬取
该卷章一共有 40 个章节
第 2 卷爬取结束

目前访问的卷章路径：https://read.qidian.com/hankread/114559/530272
第 3 卷已开始爬取
该卷章一共有 33 个章节
第 3 卷爬取结束

目前访问的卷章路径：https://read.qidian.com/hankread/114559/1114559
No response
小说爬取完毕!

运行后,在本地存储路径下出现如图 2-11 所示的信息文件。

名称	修改日期	类型	大小
第1卷_共52章	2020/11/29 17:11	文件夹	
第2卷_共40章	2020/11/29 17:12	文件夹	
第3卷_共33章	2020/11/29 17:13	文件夹	
第4卷_共701章	2020/11/29 17:13	文件夹	

第1卷_共52章   搜索"第1卷_共52章"

名称	修改日期	类型	大小
第1章. 首珠串.txt	2020/11/29 17:10	文本文档	8 KB
第2章. 一他是皇帝.txt	2020/11/29 17:11	文本文档	5 KB
第3章. 二她叫长公主.txt	2020/11/29 17:11	文本文档	4 KB
第4章. 三侍郎范亦德.txt	2020/11/29 17:11	文本文档	4 KB
第5章. 四庄墨韩.txt	2020/11/29 17:11	文本文档	4 KB
第6章. 五陈萍萍.txt	2020/11/29 17:11	文本文档	4 KB
第7章. 六那些老去的母亲.txt	2020/11/29 17:11	文本文档	4 KB
第8章. 七四大宗师.txt	2020/11/29 17:11	文本文档	5 KB
第9章. 九路过庆国的女子,叶轻眉.txt	2020/11/29 17:11	文本文档	5 KB
第10章. 一.txt	2020/11/29 17:11	文本文档	18 KB
第11章. 二.txt	2020/11/29 17:11	文本文档	21 KB
第12章. 三.txt	2020/11/29 17:11	文本文档	20 KB

图 2-11　爬虫获取的数据

小结

　　本章侧重网络编程的应用,通过简洁实用的编码讲解具体的常用网络应用实现,包括收发 E-mail 和网络爬虫。主要讲述的内容包括:网络通信的基本原理;基于 socket 库的网络编程,主要有面向连接和面向无连接两种;HTTP 通信原理和 HTTPS 通信原理;基于 requests 的网络编程,及各种函数的使用方法;模拟浏览器的原理;网络解析器,如 BeautifulSoup 的解析方式;正则表达式和 re 库;邮件收发。最后介绍了一个爬虫实例。

习题

　　1. 以建立 TCP 连接为例,利用 socket 建立网络连接,需要哪些步骤?

　　2. 简述基于 HTTP 的 Web 浏览器与 Web 服务器之间建立连接的过程。

　　3. 基于 HTTP 发起通信请求时,请求报文包含哪些内容?

　　4. 使用 requests 库发起 Web 请求时,有哪几种基本方式方法?

　　5. 为了更好地模拟浏览器行为,HTTP 请求头部中,哪些内容是编写爬虫时必须构造的?

　　6. cookie 在 Web 通信中的作用是什么? 怎样用 requests 库添加 cookie?

　　7. 怎样用 BeautifulSoup 解析一个超链接 href 的内容?

8. 编写正则表达式,从字符串'/review_all? pageno＝201&％2user＝abc'中提取参数 pageno 后的数据。

9. Base64 是一种基于 64 个可打印的字符来表示二进制的数据的方法。MIME 格式的邮件经常使用 Base64 对中文、图片或二进制文件编码,实现多媒体格式的邮件正文的发送。试用 base64 对中文文本编码并作为邮件附件发送,检查接收到的邮件效果。

10. 爬虫工作时经常因各种原因被中断,请讨论并设计一个可行的增量爬取方案。

第 3 章

并行计算

3.1 导学

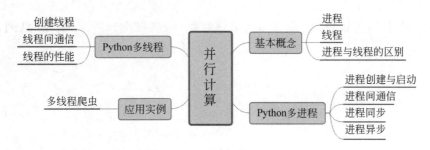

学习目标:

- 理解进程与线程的概念。
- 理解进程同步、异步和通信机制。
- 掌握 Python 进程创建与同步的方法。
- 掌握 Python 线程创建与应用的方法。

在大数据分析任务中,并行地完成数据处理和分析是一个基础要求,也是现代计算机计算性能的必要保证。虽然并行计算有复杂的理论和机制,但是通过 Python 封装的并行计算模块,可以快速实现并行计算任务。

本章在简要介绍并行计算相关理论和机制的基础上,利用典型示例,展示 Python 多进程、多线程计算的实现,并将进程的同步、异步和通信机制融合到示例中,避免枯燥讲解理论知识,降低学习和编程实现的难度。

3.2 基本概念

3.2.1 进程

程序不是进程。程序是一个静态的概念,是完成某个功能的指令集合,通常以文件的形式存储在硬盘等外部存储器上。程序不能反映系统不断变化的状态。

当运行程序以执行计算任务时,程序加载到内存中,相关代码被 CPU 执行,此时运行中的程序就是一个进程(Process),即进程是应用程序的执行实例。现代的操作系统几乎都支持多进程并发执行。注意,并发和并行是两个概念,并行指在同一时刻有多条指令在多个处理器上同时执行;并发指在同一时刻只能有一条指令执行,但多个进程指令被快速轮换执行,使得在宏观上具有多个进程同时执行的效果。

站在操作系统资源管理的角度来看,进程是资源分配的基本单位,也是调度运行的基本单位。程序执行时,以进程为单位向操作系统申请资源,操作系统把各种资源,例如足够的内存,分配给进程。操作系统以进程为单位进行 CPU 管理和调度,例如仅有一颗 CPU 时,多个进程排队等待 CPU 的分配,操作系统基于轮转时间片方法,各进程轮流在 CPU 上运行一个指定的很短时间,然后撤下来重新排队,换其他进程执行。

在这个调度过程中,进程有 3 个基本状态:就绪、阻塞和运行,并在这些状态中转换,如图 3-1 所示。进程被"新建"时,向操作系统申请内存等必要资源,"就绪"后进入进程队列,等待分配 CPU 运行时间;获得许可后在 CPU 上"运行";如果某个中断信号被触发,例如 I/O 请求或时间片用完了,进程被"阻塞";阻塞条件解除后,进程重新进入"就绪"队列,继续等待 CPU。

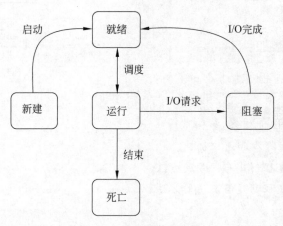

图 3-1　进程的状态变化

当进程完成计算后,释放占用的所有资源,从系统中撤销,即进入死亡状态。进程从创建到撤销的时间段就是进程的生命期。

进程是一个动态的概念,而程序是一个静态概念。不同的进程可以执行同一个程序。

3.2.2 线程

线程是进程的组成部分,一个进程可以拥有多个线程。在多线程中,会有一个主线程来完成整个进程从开始到结束的全部操作,而其他的线程会在主线程的运行过程中被创建或退出。线程是进程中执行运算的最小单位,亦即执行处理机调度的基本单位。

对于 Windows 操作系统,当进程被初始化后,主线程就被创建了,对于绝大多数的应用程序来说,通常仅要求有一个主线程,但也可以在进程内创建多个顺序执行流,这些顺序执行流就是线程。如果一个进程中只有一个线程,则叫作单线程。超过一个线程就叫作多线程。

每个线程必须有自己的父进程,且它可以拥有自己的堆栈、程序计数器和局部变量,但不拥有系统资源,因为它和父进程的其他线程共享该进程所拥有的全部资源,如图 3-2 所示。线程可以完成一定的任务,可以与其他线程共享父进程中的共享变量及部分环境,相互协同完成进程所要完成的任务。

图 3-2　含多线程的进程

多个线程共享父进程中的全部资源会使得编程更加方便,需要注意的是,要确保线程不会妨碍同一进程中的其他线程。

线程是独立运行的,它并不知道进程中是否还有其他线程存在。线程的运行是抢占式的,也就是说,当前运行的线程在任何时候都可能被挂起,以便另外一个线程可以运行。

多线程也是并发执行的,即同一时刻,Python 主程序只允许有一个线程执行。

从逻辑的角度来看,多线程存在于一个应用程序中,让一个应用程序可以有多个执行部分同时执行,但操作系统无须将多个线程看作多个独立的应用,对多线程实现调度和管理以及资源分配可由进程本身负责完成。

3.2.3 进程与线程的区别

简而言之,进程和线程的关系是这样的:操作系统可以同时执行多个任务,每一个任务就是一个进程,进程可以同时执行多个任务,每一个任务就是一个线程。线程是依托父进程存在的。

一个线程可以创建和撤销另一个线程,同一进程中的多个线程之间可以并发执行。就并发执行来看,进程与线程比较相似。但是线程是个细粒度的概念,更有利于在把庞大的计算任务分解后提高 CPU 的利用率。进程像一个大型单位的各职能部门,负责完成相关职能和任务,拥有财力、物力和职权等资源;而线程就像是这个部门中的职员,负责具体任务务的实施,职员所能调动的资源仅限于本部门所拥有的资源。各职能部门并行运行,彼此之间有协作,各部门的职员在部门内也是并行工作。线程更像是一个轻量级的进程。

需要特别说明的是,开发并行程序时,传统的一些代码调试技术就失效了,特别是设置断点和单步跟踪这两个对单进程和单线程开发非常实用的技巧,因为无法用于发现并行过程设计上的缺陷和死锁等问题。调试困难是并行程序设计的一大难点。

为了降低开发难度,减少开发错误,首先推荐尽量利用各种函数编程工具来实现并行计算,例如使用 NumPy 的数组类型实现矩阵计算,NumPy 会自动进行并行计算。其次,尽量选择并发机制简洁清晰的开发工具。Python 提供了优秀的并行开发模块,仅用少量简单代码就可以实现原本复杂的并行计算。

3.3 Python 多进程

Python 提供了一个非常优秀的多进程模块 multiprocessing,支持进程的创建、管理和完成进程间通信。

3.3.1 进程创建与启动

Python 通过 Process 类来创建进程。创建类对象时通常只需传递两个基本参数:参数 target 传递新进程要执行的函数,参数 args 以元组的形式传递要执行函数的参数。

Process 类通过方法 start() 启动进程,该方法每个进程对象最多运行一次。

方法 join([timeout]) 用于阻塞。子进程调用 join() 方法,阻塞的不是自己,而是创建子进程的主进程,即主进程需等待子进程返回后,才能继续执行后续的代码。可以用参数 timeout 设置等待时间。

一个进程可以被 join 多次。进程无法 join 自身,因为会导致死锁。

下面的代码演示了创建子进程的基本方法:

```python
from multiprocessing import Process

def worker(name):
    print('你好', name)

def main():
    p=Process(target=worker, args=('Python',))
    p.start()
    p.join()

if __name__=='__main__':
    main()
```

运行结果:

你好 Python

需要注意:

(1) start() 之后使用才能完成 join() 功能;

(2) join() 不是必需的,如果不想等待,可以不调用 join();

（3）给 args 参数传参时，哪怕只有一个参数，也要在元组的圆括号内写上逗号，例如（'Python',），这个逗号可以避免传参失败等可能的错误。

本章中的示例应该在支持多进程的集成开发环境或者命令行状态下运行，不推荐 Web 界面的 Jupyter Notebook 环境，以确保多进程程序正常运行。

每个进程被创建后，系统都会为其分配一个进程号。

接下来实现较复杂的例子。

首先导入一些必要的包。定义一个函数 sleeper()，打印进程 ID，用休眠操作来模拟程序执行，如例 3-1 所示。

【例 3-1】 创建一个子进程

```
from multiprocessing import Process
import os
import time

def sleeper(name, seconds):
    print("Process ID#%s" %(os.getpid()))
    print( "%s will sleep for %s seconds" %(name, seconds))
    time.sleep(seconds)
    print( u"子进程%s 结束。" %(os.getpid()))

def one_proc():
    child_proc=Process(target=sleeper, args=('Python', 5))
    child_proc.start()
    print( u"子进程 start 之后!")
    print( u"主进程将 join")
    child_proc.join()
    print( u"join 之后!")
    print( u"主进程的 ID 是: %s" %(os.getpid()))
    print( u"主进程结束!")

one_proc()
```

运行结果：

```
子进程 start 之后!
主进程将 join
Process ID#17916
Python will sleep for 5 seconds
子进程 17916 结束。
join 之后!
主进程的 ID 是: 12948
主进程结束!
```

例 3-1 中只创建了一个子进程，加上主进程本身，在操作系统的进程列表中可以观察到两个 Python 进程。

运行结果中的子进程 ID 和主进程 ID 是由操作系统分配和管理的,每次运行可能是不同的进程 ID。

虽然这里把新进程称为"子进程",但是它和主进程并没有主从依赖关系,是独立运行的两个进程。

如果不执行阻塞方法,注释代码 child_proc.join() 和它前后的打印语句,再次执行上面的代码,运行结果如下:

```
子进程 start 之后!
主进程的 ID 是: 1960
主进程结束!
Process ID#14420
bob will sleep for 5 seconds
子进程 14420 结束。
```

从运行结果来看,子进程启动后,主进程没有等待子进程,继续执行了打印语句 print(u"主进程的 ID 是: %s" % (os.getpid())),显示了进程 ID,然后结束了运行。子进程的存在是独立于主进程的,虽然主进程结束,子进程继续正常运行,直至任务完成,正常退出。

如果需要创建更多进程,可以用循环语句实现,如例 3-2 所示。

【例 3-2】 创建多个进程

```python
import random

def worker(num):
    """process/thread worker function"""
    print('Worker:', num)
    time.sleep(random.randint(1,2))

def some_procs():
    jobs=[]
    for i in range(5):
        p=Process(target=worker, args=(i,))
        #(i,)中逗号不能少
        jobs.append(p)
        p.start()
    print( 'wait joining...')
    for j in jobs:
        j.join()
    print( u'程序结束!')
some_procs()
```

运行结果:

```
wait joining...
Worker: 2
Worker: 0
Worker: 3
```

```
Worker: 1
Worker: 4
程序结束!
```

在函数 some_procs() 内, 用一个 for 循环语句循环生成 5 个进程, 每生成一个 Process 类对象, 就调用 start() 方法启动该进程, 并用列表 jobs 保存创建的进程对象。然后再使用一个循环, 每个进程对象都执行 join() 语句阻塞主进程, 要求主进程等待它运行结束后返回。

为了更加逼近真实情况, 导入 random 模块, 用随机方法控制 worker() 的 sleep 语句休眠 1~2s。

可以看到, "wait joining…" 先被打印出来了, 说明主进程中这条打印语句没有等待子进程的运行。然后是各子进程运行时打印的信息, 从编号来看, 并非是按照进程创建顺序输出的。如果多次执行这段程序, 可以看到各 worker 的打印顺序是变化的。这些现象说明, 这几个进程是并发运行的。

主进程因为被阻塞, 所以一直等到所有子进程运行结束后, 才在最后打印输出 "程序结束!"。

3.3.2　进程间通信

所谓进程间通信, 就是在多个进程间交换数据, 例如共同使用同一个共享变量, 如果一个进程修改了该共享变量, 其他进程可以看到变量被修改后的新值。

那么, 这个任务能否用一个全局变量来实现呢 (见例 3-3)?

【例 3-3】　全局变量与多进程

```python
share_num=0    #全局变量

def worker_1():
    global share_num
    share_num+=20
    print(u"worker_1,share_num=%d" %share_num)


def worker_2():
    global share_num
    share_num+=100
    print(u"worker_2,share_num=%d" %share_num)


def test_sharedata():
    p1=Process(target=worker_1)
    p2=Process(target=worker_2)
    p1.start()
    p1.join()
    print(u"p1 启动后,主进程里 share_num=%d" %share_num)
    p2.start()
    p2.join()
```

```
        print(u"p2 启动后,主进程里 share_num=%d" %share_num)
test_sharedata()
```

运行结果:

```
worker_1,share_num=20
p1 启动后,主进程里 share_num=0
worker_2,share_num=100
p2 启动后,主进程里 share_num=0
```

例 3-3 中定义了两个子进程要执行的函数,其中,worker_1()对全局变量 share_num 加 20,worker_2()对全局变量 share_num 加 100。

在 test_sharedata()函数中,首先启动 worker_1()对应的进程 p1 并阻塞,再启动 worker_2()对应的进程 p2 并阻塞。因为启动和阻塞成对出现,这里的 p2 进程须等待 p1 结束后才能运行。

注意:把 start()和 join()语句放在恰当的位置,可以控制进程的执行顺序。

从运行结果来看,worker_1 虽然修改了全局变量 share_num,但是主进程里的 share_num 仍然是 0;worker_2 执行后,给全局变量 share_num 加了 100,但是 share_num 的数值只是 100,并没有累加 worker_1 加的 20;主进程再次打印 share_num,仍然是 0。

其原因必须从进程的概念和原理上来理解。人们说"进程是资源分配的基本单位",其中资源包括 CPU、内存、打印机等各类计算机资源。为了保证每个进程安全稳定地运行,操作系统规定,每个进程都在各自独立的内存空间运行,不能直接访问其他进程的内存。在独立的空间运行表示每个进程都需要单独申请内存空间,它的所有变量都在自己的内存空间里。注意变量存在的本质是有一段分配给它的内存,不是用变量名来区分不同变量,而是用不同的内存地址来区分。不能直接访问其他进程的内存,可以最大程度上保护一个进程不被其他进程的错误所干扰,或被其他进程破坏。这也意味着,不可以直接读取其他进程的变量数值。可以把进程的内存空间形象地看作进程的"家",家里有一群小孩子(变量),"家"是私有领地,不允许其他进程进来把孩子领走。

那么全局变量为什么也没实现进程间数据共享呢?因为这里的全局变量指的是作用范围是整个程序内的变量,而这个程序运行时是以一个进程的形式存在的。所以全局变量仍然是"家"里的孩子,只不过可以在所有房间"串门",但是不允许其出门。

每个进程都是独立的,即便是执行相同的函数,只不过是功能相同而已,不代表它们共享同一段内存。所以全局变量只是相对于一个进程而言的,不是多个进程之间的全局变量,因此不能起到多进程间共享数据的作用。

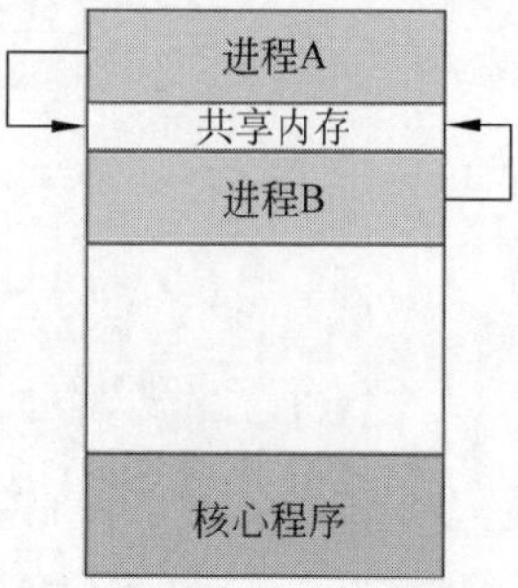

图 3-3　利用共享内存通信

怎么解决多进程间共享数据的问题呢?操作系统创建了一段可供各个进程共享的专用内存空间,如图 3-3 所示。但是多进程并发访问同一段内存时,有的要读数据,有的要改数据,有的先,有的后,需要管理协调。操作系统根据不同的访问机制管理共享内存的访问,协调这些进程的并发访问。这些机制包括信号量、锁、管程等。这种协调各进程并发工作的机制称为进程同步。

正确灵活地应用这些进程同步机制,是成功实施并行计算的必要条件。

Python 的 multiprocessing 模块提供了共享变量和共享数组类型。但是更加实用的数据结构是支持多进程安全访问的队列、管道等。

1. 共享变量和数组

【例 3-4】 共享变量的应用

```
from multiprocessing import Process,Value,Array
def fun_memory(n, a):
    n.value=3.1415927
    for i in range(len(a)):
        a[i]=-a[i]


def share_memory():
    num=Value('d', 0.0)
    arr=Array('i', range(10))

    p=Process(target=fun_memory, args=(num, arr))
    p.start()
    p.join()        #注意,此处的阻塞是必要的

    print(f'共享变量的值={num.value}')
print(f'共享数组的值={arr[:]}')

share_memory()
```

运行结果:

```
共享变量的值=3.1415927
共享数组的值=[0, -1, -2, -3, -4, -5, -6, -7, -8, -9]
```

例 3-4 中声明了一个共享变量 num 和共享数组 arr,创建了一个进程,修改了 num 和 arr 的值,然后回到主进程,打印主进程的 num 和 arr,发现子进程对这两个变量的修改可以被主进程查看。这说明这两个变量实现了在两个进程间的共享。

注意:p.join() 语句是不可少的。如果将这条语句写入注释,则主进程不会等待子进程的运行,直接打印 num 和 arr,那么只能看到这两个变量初始的值,无法观察到子进程对它们的修改。

2. 管道

用管道实现进程间数据共享。管道是一个线性结构,一端有一个发送者,另一端有一个接收者。对于单向管道,固定一方发送消息,另一方接收消息。而 Python 提供的是双向管道,两端都可以发送和接收。

【例 3-5】 单向管道通信

```
from multiprocessing import Process,Pipe
```

```
def proc1(pipe):
    #while True:
    for i in range(10):
        print( "proc1 发送: %s" %(i))
        pipe.send(i)
        time.sleep(1)


def proc2(pipe):
    #while True:
    for i in range(5):
        print( "proc2 接收:", pipe.recv())
        time.sleep(1)

def procs_pipe():
    parent_conn, child_conn  =Pipe()
    p1=Process(target=proc1, args=(parent_conn,))
    p2=Process(target=proc2, args=(child_conn,))

    p1.start()
    p2.start()

    p1.join()
p2.join()

procs_pipe()
```

运行结果：

```
proc1 发送: 0
proc2 接收: 0
proc1 发送: 1
proc2 接收: 1
proc1 发送: 2
proc2 接收: 2
proc1 发送: 3
proc2 接收: 3
proc1 发送: 4
proc2 接收: 4
proc1 发送: 5
proc1 发送: 6
proc1 发送: 7
proc1 发送: 8
proc1 发送: 9
```

从例 3-5 运行结果可以看到，发送和接收成对出现，一发一收。接收者 proc2 收到 5 次数据后退出，发送方继续发送了 5 次消息。

3. 队列

队列是一种线性数据结构,允许用 put() 方法在队列尾部插入新数据,用 get() 方法从队列首部提取一个数据元素。使用这种多进程安全的队列,需要先导入相应的类:

```
from multiprocessing import Queue
```

【例 3-6】 利用队列,实现多进程间通信

```
from multiprocessing import Process,Queue

def subproc_queue(queue):
    print('子进程 sleeping...')
    time.sleep(5)
    print('子进程醒了,开始干活。')
    queue.put([42,'20209528','郝雪生'])
    print('子进程又 sleeping...')
    time.sleep(2)

def procs_queue():
    queue=Queue()
    p=Process(target=subproc_queue, args=(queue,))
    p.start()
    print('主进程从队列取数据,若没有数据则等待...')
    val=queue.get()
    print('主进程获得数据: %s' %str(val))
    p.join()
    print('OVER!')2

procs_queue()
```

运行结果:

```
主进程从队列取数据,若没有数据则等待...
子进程 sleeping...
子进程醒了,开始干活。
子进程又 sleeping...
主进程获得数据:[42, '20209528', '郝雪生']
OVER!
```

例 3-6 的运行结果显示,通过队列主进程获得了子进程的数据。使用队列是实现进程间通信的一种稳定、简便的方式。

3.3.3 进程同步

进程同步指协调多个相关进程的执行顺序,使并发执行的各进程能按照一定的规则或者时序共享访问系统资源,得到合理的结果。

这里的共享资源往往是互斥的,这类资源被称为临界资源,可以是硬件资源,也可以是

软件资源。例如,一个进程要写文件,同时另一个进程要读同一个文件。一读一写,显然是冲突的,必须协调一个顺序。要么等读进程读完文件,换写进程来写,要么先写后读。

1. 信号量

协调访问互斥的临界资源的一个基本机制是信号量。信号量会记录自己还剩几个可用资源,每被申请一次就减1,若小于0就阻塞申请资源的进程;若有进程释放资源,信号量就把可用资源数加1,原来被阻塞的进程就可以获得资源,得以运行。

【例 3-7】 信号量

```python
from multiprocessing import Process,Semaphore
def test_Semaphore(i,sem):
    #临界区开始
    sem.acquire()        #申请信号量
    print(u'%s 获得信号量' %i)
    time.sleep(random.randint(1,5))
    sem.release()
    #临界区结束
    print(u'%s 释放信号量' %i)


def Semaphore_Demo():
    sem=Semaphore(1)    #信号量可用来控制对共享资源的访问数量
    for i in range(2):
        p=Process(target=test_Semaphore,args=(i,sem))
        p.start()
Semaphore_Demo()
```

运行结果:

```
0 获得信号量
0 释放信号量
1 获得信号量
1 释放信号量
2 获得信号量
2 释放信号量
3 获得信号量
3 释放信号量
```

从例3-7可以看到,函数Semaphore_Demo()里并没有执行join()语句阻塞任何进程,但是执行结果显然是串行的,4个进程按顺序依次执行。一个进程必须获得信号量后才能运行,直到该进程释放信号量后,其他进程才能有机会获得信号量,进而才能获得执行权限。本例中只有一个信号量,所以4个进程只能依次运行,当一个进程运行时,其他进程等待。

信号量的数量对应了互斥资源的数量。如果增大信号量和进程的数量,例如3个信号量和6个进程,代码修改如下:

```python
def Semaphore_Demo():
```

```
sem=Semaphore(3)    #信号量可用来控制对共享资源的访问数量
for i in range(6):
    p=Process(target=test_Semaphore,args=(i,sem))
    p.start()
```

运行结果：

运行结果为：
0 获得信号量
1 获得信号量
2 获得信号量
1 释放信号量
3 获得信号量
0 释放信号量
4 获得信号量
3 释放信号量
5 获得信号量
2 释放信号量
4 释放信号量
5 释放信号量

需要说明的是，上述申请和释放信号量的语句是存在风险的。如果一个获得信号量的进程在释放信号量之前发生异常错误退出了，则该信号量没有被正常释放，其他进程也就无法正常获得该信号量，可能造成其他进程一直等待而无法执行，产生"死锁"。

2. 锁

下面再演示另一种基本同步机制——"锁"，用于协调进程执行顺序。与信号量类似，必须先调用方法 acquire()申请锁，得到锁后才能继续执行，否则继续等待，用完后必须调用方法 release()释放锁。

【例 3-8】 锁机制

```
from multiprocessing import Process, Lock
def print_info(lock, id):
    lock.acquire()
    try:
        print(f'{id}说: Hello Python ...')
    finally:
        lock.release()


def lock_demo():
    #加锁
    lock=Lock()
    for num in range(5):
        Process(target=print_info, args=(lock, num)).start()


lock_demo()
```

运行结果：

```
0 说：Hello Python ...
1 说：Hello Python ...
2 说：Hello Python ...
3 说：Hello Python ...
4 说：Hello Python ...
```

从例 3-8 可以看到，在锁的协调下，各进程依次打印。如果不协调打印顺序，在实际环境中，可能会出现各进程打印的信息彼此干扰、信息混乱的情况。

这个例子中，为锁的申请和释放增加了异常处理机制，并用 finally 语句确保任何异常发生时，都要在释放锁之后再结束函数的调用。

3. 同步模型

一些经典进程同步模型有利于解决同步问题，例如生产者-消费者，读者-写者，哲学家就餐等。下面以生产者-消费者模型为例讲解同步模型。

生产者-消费者模型的描述为：若干生产者进程负责生产产品，若干消费者进程负责消费这些产品，为了协调双方的动作，在双方之间设置一个可放 n 个产品的传送带（缓冲区）。缓冲区空，则消费者被阻塞，等待；缓冲区满，则生产者被阻塞，如图 3-4 所示。

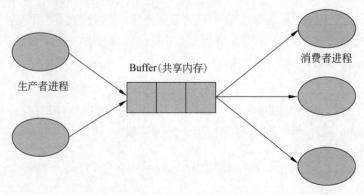

图 3-4　生产者-消费者模型

【例 3-9】　生产者-消费者模型

```
from multiprocessing import Process,Queue
import time
import random

def consumer(name,q):
    for i in range(5):
        res=q.get()    #从队列中提取一个元素,若队列为空则阻塞
        print(u"消费者%s 吃%s。" %(name,res))
        time.sleep(random.randint(1,3))
    print(name+'吃饱了。')

def producer(name,q):
```

```
        for i in range(5):
            time.sleep(random.randint(1,2))
            res=u'包子%s'%i
            q.put(name+res)    #把 re 插入队列
            print(u"生产者%s 生产了%s。" %(name,res))
        print('生产者%s 任务完成了。' %name)

    def consumer_producer():
        """ 生产者-消费者模型 """
        queue=Queue(2)#一个队列,长度为 2
        p1=Process(target=producer,args=('Tom',queue))
        p2=Process(target=producer,args=('Jerry',queue))
        c1=Process(target=consumer,args=('小明',queue))

        p1.start()
        p2.start()
        c1.start()
    consumer_producer()
```

运行结果:

生产者 Tom 生产了包子 0。
消费者小明吃 Tom 包子 0。
生产者 Jerry 生产了包子 0。
生产者 Jerry 生产了包子 1。
消费者小明吃 Jerry 包子 0。
生产者 Tom 生产了包子 1。
消费者小明吃 Jerry 包子 1。
生产者 Jerry 生产了包子 2。
消费者小明吃 Tom 包子 1。
生产者 Tom 生产了包子 2。
消费者小明吃 Jerry 包子 2。
生产者 Jerry 生产了包子 3。
小明吃饱了。

例 3-9 展示了主进程和子进程利用队列进行通信的过程。

共享内存用一个长度为 2 的队列来实现。如果队列满了,生产者被阻塞等待;如果队列空了,消费者被阻塞等待。

每个生产者负责生产 5 个包子,并把包子放入传送带(队列),任务完成后下班退出。

每个消费者吃 5 个包子,每次从传送带(队列)拿包子,吃够 5 个停止。

这次任务有 2 位生产者 Tom 和 Jerry,有 1 位消费者小明。

运行结果显示,小明吃够了 5 个包子,"吃饱"走了;Tom 生产了 3 个包子,Jerry 生产了 4 个包子,二者停止了工作,但没有退出,这是因为二者合计生产了 7 个包子,被小明吃掉 5 个,还剩 2 个,但是传送带(队列)满了,两个生产者被阻塞。

这个例子中,3 个进程都未调用阻塞方法 join(),因此互不等待,各干各的。承担阻塞和协调任务的是充当缓冲区的队列。

调整这段代码里的队列长度,调整生产者和消费者的数量,可以观察到不同的运行结果。例如队列长度改为 10,可以观察到如下结果:

生产者 Jerry 生产了包子 0。
消费者小明吃 Jerry 包子 0。
生产者 Tom 生产了包子 0。
生产者 Jerry 生产了包子 1。
消费者小明吃 Tom 包子 0。
生产者 Tom 生产了包子 1。
生产者 Jerry 生产了包子 2。
消费者小明吃 Jerry 包子 1。
生产者 Tom 生产了包子 2。
生产者 Jerry 生产了包子 3。
生产者 Tom 生产了包子 3。
生产者 Jerry 生产了包子 4。
生产者 Jerry 任务完成了。
消费者小明吃 Tom 包子 1。
生产者 Tom 生产了包子 4。
生产者 Tom 任务完成了。
消费者小明吃 Jerry 包子 2。
小明吃饱了。

3.3.4　进程异步

与进程同步(synchronous)对应的是进程异步(asynchronous)。在进程同步场景下,主进程作为调用者,需要等待子进程返回执行结果,为此需要通过各种阻塞方法协调进程间的执行顺序。进程异步时,调用者无须等待返回结果,继续执行后续的代码,而异步执行的进程通过状态、通知和回调等方式来通知调用者。显然,异步方式的并发效率相对较高。

使用 Python 的进程异步,一种简便易行的方式是使用 multiprocessing 模块内的进程池 Pool 类。

通过 Pool,只需一行代码就可以创建多个进程;对于包含多个任务的队列,特别是任务数多于进程数量的场景,可以通过 map()方法,让进程池内的进程在完成一次任务后,自动提取剩余的未处理过的任务。

创建 Pool 类对象后,可以调用异步执行或同步执行的方法,使用语句如下:

```
from multiprocessing import Pool
pool=Pool(n)              #创建 n 个进程
#异步,一次处理一个任务,多个任务时需多次调用
pool.apply_async(func,args=(x,),callback=None)
#同步
pool.apply(func,args=(x,))

#异步,处理多个任务
```

```
pool.map_async(func,iterable_args,callback=None)
#同步,处理多个任务
pool.map(func,iterable_args)

pool.close()            #关闭进程池,关闭后不再接收新的请求
pool.join()             #阻塞主进程
```

可以注意到,进程池用完之后需要调用 close()方法,停止接收新的任务请求,可以调用 join()方法阻塞主进程。

从进程池里摘下进程执行计算任务的方法中,异步方法主要有 apply_async()和 map_async()。其中,apply_async()一次处理一个任务,注意形参 args 传递数据时,一定要使用(x,)形式,逗号不能缺少,否则触发错误。map_async()适合批量处理一批计算任务,所以第二个形参通常是一个列表类型。

这两个方法支持下面两种返回执行结果方式。

（1）返回 multiprocessing.pool.AsyncResult 类对象,可以通过调用对象方法 get([timeout])提取返回的内容。注意,get()方法有阻塞等待作用。

（2）通过回调函数（callback）获得结果。所谓回调函数,从表现形式来看,是通过把函数名当作参数传递,从而实现函数的调用;在进程异步的场景里,主进程发起异步调用后,子进程调用主进程的函数,从而将结果返回给主进程,这样的函数就是回调函数。Python 的回调函数要求接收一个参数,并且执行效率要高,否则会阻塞处理结果的线程或进程。

【例 3-10】　进程异步与结果返回

```
from multiprocessing import Process, Pool
def calculator(x):
    print('线程计算...')
    return x * x * x

def callback_print(result):
    #callback 函数效率要高,否则线程会被阻塞
    print(f'回调函数,输出运行结果: {result}')

def async_pool():
    tasks=[1,2,3]
    pool=Pool(4)
    print('apply_async:')
    pool.apply_async(func=calculator, args=(tasks[0],), callback=callback_
print)
    pool.apply_async(func=calculator, args=(tasks[1],), callback=callback_
print)
    result=pool.apply_async(func=calculator,args=(tasks[2],))
    print('不用回调函数打印,result=',result.get(timeout=1)) #get()可阻塞进程
    print('map_async:')
    pool.map_async(calculator,tasks,callback=callback_print)
    pool.close()#关闭进程池,关闭后,不再接收新的请求
```

```
pool.join() #必须调用,否则主进程先行结束退出,子进程无法回调
```

```
async_pool()
```

例 3-10 中,计算任务是一个仅完成三次方计算的函数 calculator();callback_print()是回调函数,用于打印输出传递给它的计算结果。

异步执行方法 apply_async()一次接收和处理一个数据,所以调用了 3 次以处理 3 个数据。其中前两次调用都通过回调函数返回结果,第 3 次调用时,用一个变量接收 apply_async()返回的对象,并用 get()方法提取出计算结果。

map_async()方法可以异步地批量处理任务,所以直接传递任务列表 tasks 给它,并用回调函数返回计算结果。结果如下:

```
apply_async:
线程计算...
线程计算...
回调函数,输出运行结果: 1
线程计算...
回调函数,输出运行结果: 8
不用回调函数打印,result=27
map_async:
线程计算...
线程计算...
线程计算...
回调函数,输出运行结果:[1, 8, 27]
```

可以看到 apply_async()返回了 3 个并发执行计算的结果,而 map_async()则是在完成任务后,系统把结果封装成一个列表返回。

需要说明,第 3 次 apply_async()调用后的打印语句,即 print('不用回调函数打印,result＝', result.get(timeout＝1)),对结果输出有影响。如果将这条语句注释,则结果如下:

```
apply_async:
map_async:
线程计算...
线程计算...
回调函数,输出运行结果: 1
线程计算...
回调函数,输出运行结果: 8
线程计算...
线程计算...
线程计算...
回调函数,输出运行结果:[1, 8, 27]
```

对比前后两次输出结果,发现"map_async:"这个输出信息被提前了。显然,在第一个情景中,方法 result.get()的调用使得主进程直到等待 apply_async()返回结果后,才执行

map_async()。

本节简要介绍了 Python 多进程的基本实现方法、进程间通信方法、进程的同步和异步。如果实际应用中不需要这些复杂的机制，可以考虑用线程来代替进程。

3.4 Python 多线程

线程是比进程更小的基本执行单位。通常来说，一个进程可以拥有多个线程，这些线程共享该进程内的所有资源。

有的操作系统（如 Linux）内核并不直接支持线程，而是由用户程序自行创建和管理线程，称为用户级线程；有的操作系统（如 Windows）在内核中支持线程，称为内核级线程，并把线程作为 CPU 调度的基本单位。也就是说，不同操作系统在线程的实现上有所不同，不同开发工具包在线程实现上也有所不同。

Python 的线程实现和管理使用了全局解释器锁（GIL）机制，本质上是串行执行的。在多核 CPU 上运行 Python 多线程时，可以观察到线程并没有把每个核都用满，而 Python 多进程可以做到把 CPU 跑满的效果。

那么，Python 多线程还有意义吗？毫无疑问是有的。最典型的应用场景就是处理 I/O。例如编写爬虫爬取网页，每次请求页面访问都是一次网络 I/O，程序需要等到收到服务器响应的信息后才会执行后续的代码。此时，用多进程或者多线程方式同时访问多个页面，可以提高网络 I/O 效率，不必因一次 I/O 的延迟而无谓等待。因为创建多线程的系统开销要显著小于多进程，所以这种应用场景下，通常采用多线程。

3.4.1 创建线程

创建 Python 线程，需要导入线程模块：

```
from threading import Thread
```

线程的创建方法与进程相同。例 3-11 演示了用线程计算从 0 加到 100。

【**例 3-11**】 **线程创建**

```
from threading import Thread

def counter(n):
    cnt=0;
    for i in range(n+1):
        cnt+=i;
    print( cnt)

def one_thread():
    #初始化一个线程对象，传入函数的 counter 参数
    th=Thread(target=counter, args=(100,));
    th.start();
    #主线程阻塞，等待子线程结束
```

```
        th.join();

one_thread()
```

3.4.2 线程间通信

还记得无法用全局变量在多进程间共享数据的例子吗？如果这个例子用线程实现，会得到什么结果呢？

【例 3-12】 利用全局变量通信

```
share_num=0            #全局变量

def worker_1():
    global share_num
    share_num+=20
    print(u"worker_1,share_num=%d" %share_num)

def worker_2():
    global share_num
    share_num+=100
    print(u"worker_2,share_num=%d" %share_num)

def thread_sharedata():
    t1=threading.Thread(target=worker_1)
    t2=threading.Thread(target=worker_2)
    t1.start()
    t1.join()
    print(u"t1 启动后,主进程 share_num=%d" %share_num)
    t2.start()
    t2.join()
    print(u"t2 启动后,主进程 share_num=%d" %share_num)

thread_sharedata()
```

运行结果：

```
worker_1,share_num=20
t1 启动后,主进程 share_num=20
worker_2,share_num=120
t2 启动后,主进程 share_num=120
```

对比多进程的运行结果，可以发现例 3-12 成功实现了数据共享。这是因为线程共享了所属进程的资源，即主进程的内存资源，其他线程都可以访问。同一个进程中的全局变量对各线程来说，只要变量名相同，就是同一个变量。

当然，实现进程同步和通信的机制，例如信号量、锁、管道、队列等，同样可以适用于线程。因此同步模型生产者-消费者同样可以用多线程实现。

那么,什么时候用多线程,什么时候使用多进程呢?

3.4.3 多线程与多进程的选择

首先对比进程与线程的创建时间。

分别创建 10 个进程和 10 个线程,并且都运行一个空函数,以减少干扰因素。计算这 10 个进程和 10 个线程创建的总时间开销。

【例 3-13】 比较线程与进程创建时间

```
from threading import Thread
#比较进程与线程创建时间-----------------------------------------
def workers(num):
    """process/thread worker function"""
    pass


def compare_procs_threads():
    #测试 10 个进程的创建总时间
    jobs=[]
    start_time=time.time()
    for i in range(10):
        p=Process(target=workers, args=(i,)) #(i,)中逗号不能少
        jobs.append(p)
        p.start()
    for j in jobs:
        j.join()
    end_time=time.time()
    print('多进程耗时: %s 秒' %(end_time-start_time))
    #测试 10 个线程的创建总时间
    jobs=[]
    start_time=time.time()
    for i in range(10):
        th=Thread(target=workers, args=(i,))
        jobs.append(th)
        th.start()
    for j in jobs:
        j.join()
    end_time=time.time()
    print('多线程耗时: %s 秒' %(end_time-start_time))
    print( u'程序结束!')


compare_procs_threads()
```

多次运行上述代码,每次可能得到不同的运行时间,但是创建线程的时间开销显著低于创建进程。

运行 3 次,得到的结果如下:

多进程耗时：0.6901147365570068 秒
多线程耗时：0.007964372634887695 秒
程序结束！
多进程耗时：0.4458036422729492 秒
多线程耗时：0.004957437515258789 秒
程序结束！
多进程耗时：0.3051490783691406 秒
多线程耗时：0.005984067916870117 秒
程序结束！

从例 3-13 的运行结果来看，创建 10 个线程和 10 个进程的总时间开销几乎相差百倍，平均单个线程的创建时间接近进程创建的十分之一。

如果单纯比较一次进程创建和一次线程创建时间，是没有明显差异的。但是比较多次的创建时间后，就有显著差异了。理解这一点需要从进程的概念着手。进程是资源分配的基本单位，这里的资源，包括 CPU、内存和 I/O 等，操作系统还要为进程创建专门的数据结构 PCB（进程管理块），分配进程 ID，用于进程的管理。这个创建过程本身需要一定的 CPU 计算时间才能完成。对于线程创建来说，各线程共享所属主进程的资源，可以直接访问进程拥有的内存等资源，因此创建过程的额外开销比进程创建的开销小。

对于 Python 的多线程来说，虽然创建线程的开销比较低，但是由于 GIL 机制的限制，本质上线程是串行执行的，对于多核 CPU 或者多 CPU 的场景，Python 线程并不能充分发挥 CPU 的性能。所以，如果需要较长时间的计算，多进程更适合，如果是频繁的 I/O 访问，每次 I/O 的时间开销较大，则此时创建进程的成本偏高了，用多线程更适合。

3.5 应用实例

Python 经常被用于网络程序开发，特别是编写网络爬虫程序。例 3-14 实现了一个简单的爬虫，爬取两个网站的主页。如果目标网站允许同一个 IP 频繁访问其网页，多线程爬取的效率通常显著高于串行爬取。

【例 3-14】 网络爬虫

```python
import requests
def crawler(url='https://www.python.org/'):
    response=requests.get(url)
    print(f'网页{url}内容如下：')
    print(response.text[:100])


def compare_threads():
    #比较多线程爬取和串行爬取的性能
    url_list=['http://httpbin.org/get',
              'https://www.nuist.edu.cn/']
    jobs=[]
    start_time=time.time()
```

```
    for i in range(len(url_list)):
        th=Thread(target=crawler, args=(url_list[i],))
        jobs.append(th)
        th.start()
    for j in jobs:
        j.join()
    end_time=time.time()
    print('多线程耗时: %s 秒' %(end_time-start_time))
    #串行
    jobs=[]
    start_time=time.time()
    for i in range(len(url_list)):
        crawler(url_list[i])
    end_time=time.time()
print('串行爬取耗时: %s 秒' %(end_time-start_time))

compare_threads()
```

运行结果:

网页 https://www.nuist.edu.cn/内容如下:

```
<!DOCTYPE html>
<html>
<head>
<meta charset="utf-8">
<meta name="renderer" content="webkit" />
```

网页 http://httpbin.org/get 内容如下:

```
{
  "args": {},
  "headers": {
    "Accept": "*/*",
    "Accept-Encoding": "gzip, deflate",
    "
```

多线程耗时: 0.4289083480834961 秒

```
#串行
```

网页 http://httpbin.org/get 内容如下:

```
{
  "args": {},
  "headers": {
    "Accept": "*/*",
    "Accept-Encoding": "gzip, deflate",
    "
```

网页 https://www.nuist.edu.cn/内容如下：

```
<!DOCTYPE html>
<html>
<head>
<meta charset="utf-8">
<meta name="renderer" content="webkit" />
```

串行爬取耗时：3.007603406906128 秒

这段代码中，函数 crawler() 是一个简单的爬虫，用 requests 的 get() 方法获取网页的内容。为了简化功能并节省版面，没有解析页面内容的代码，只简单打印了网页前 100 个字符信息。

首先用多线程的方法爬取页面，每个页面一个线程，记录爬取耗时；然后比较同样的目标页面，执行串行爬取，对比二者的时间开销。由于网络时延的抖动比较大，如果多次执行这段代码，可以观察到爬取时间变化比较大，但是多数情况下，两个线程同时爬取的效率是显著高于串行爬取的。如果创建大量线程，并行爬取多个页面，效率会有更加显著的提高。

不幸的是，很多网站出于系统安全和数据保护的需要，采取了很多策略保护网站。如果创建大量线程访问目标网站，网站检测到同一个 IP 地址在短时间内发起大量的访问请求，会判定为恶意访问，通常会禁止该 IP 的连接访问。因此，想要高速爬取一个网站的大量内容，还需要采取其他技术手段。

小结

本章主要介绍了 Python 多进程和多线程的程序设计，重点讲解了多进程的通信和同步，并通过翔实的例子展示了并发运行的效果。要注意理解多进程与多线程的区别，恰当选择多进程或多线程。通过队列和生产者-消费者模型的讲解，清晰展示了并行计算的关键要点。最后用一个多线程爬虫展示了并行计算的实际应用。

习题

1. 进程间为什么不能通过全局变量共享数据？

2. 为协调进程间的执行顺序，可以采取哪些机制？

3. 试概括进程与线程的区别。Python 的线程实现有什么特点？

4. Python 多进程模块提供了哪些数据共享机制？试举两个例子说明。

5. 为了更好地模拟浏览器行为，HTTP 请求头部中，哪些内容是编写爬虫时必须构造的？

6. 什么是进程异步？与进程同步相比，它有什么特点？

7. 进程池里的进程异步执行时，怎样获取各进程的返回结果？

8. map_async()和 map()有何不同?

9. 为什么创建线程的时间开销比进程低?

10. 试用线程实现生产者-消费者问题模型。

11. 读者-写者问题：设有一个共享的文件，要求同一时间允许多个（读者）进程读文件，只允许一个（写者）进程写文件，读操作与写操作互斥。试用线程实现读者-写者问题模型。

## 第 4 章

GUI 编程

4.1 导学

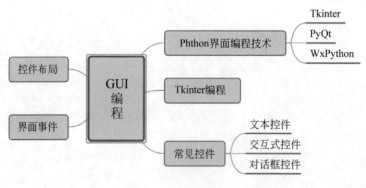

学习目标：

- 了解常见的界面编程技术。
- 掌握列表中元素的访问、遍历。
- 掌握 Tkinter 编程中的基本概念。
- 重点学习各种常见控件的使用方法。
- 掌握事件和事件处理函数的概念。

在此之前，本书基于读者所学知识所例举的应用程序都是基于控制台来和用户进行交互的。这种方式虽然简单，但使用起来并不人性化。如果这个应用程序本质上是图形化的，且在本地机器上做了优化或者是在本地运行，那么就要考虑构建一个桌面图形用户界面或 Web 界面。

命令行拥有很多优势，例如速度、远程访问、可重用性、可脚本化和控制等。这对用户来说往往会比图形用户界面更为重要。当然,现在有很多库可以支持设计得很好的命令行程序,如 Click,Cement 和 Cliff。

同样,对于本地运行的程序,Web 界面也是十分值得考虑的。尤其是当用户希望应用程序能够像 Django、Flask 或 Pyramid 这样的项目可以直接远程托管时。用户也可以使用类似 pywebview 这样的库将 Web 应用程序包裹在 native GUI window 中。

GUI(Graphical User Interface,图形用户接口)是指采用图形方式显示的计算机操作用户界面。GUI 是屏幕产品的视觉体验和互动操作部分。本章将学习使用 GUI 技术实现 Python 程序界面。

4.2 Python 界面编程技术

主流的 Python 界面编程技术有 Tkinter、PyQt、WxPython 3 种。

1. Tkinter

Tkinter 模块是 Python 的标准 GUI 工具包,是 20 世纪 90 年代初推出的流行图形界面。在用 Python 进行 GUI 开发方面,Tkinter 是最简单的界面技术。Tkinter 在一些小型的应用上十分常见,而且开发速度也很快。

Tkinter 用起来非常简单,Python 自带的 IDLE 就是采用它编写的。Tkinter 8.0 的后续版本可以实现本地窗口风格,并良好地运行在绝大多数平台中。它拥有大量的资源,包括书籍和代码示例、活跃的用户社区、广泛的入门示例等。

2. PyQt

PyQt 实现了 Python 与 Qt 库(一个完整的 C++ 应用程序开发框架,是目前最强大的界面库之一)的完美融合,是一个创建 GUI 应用程序的工具包。使用 PyQt 开发出的应用程序在其他平台上会拥有熟悉的外观和使用体验。

PyQt 较为流行,功能强大,开发界面用户友好,跨平台的支持也很好,适应于大型应用开发。

3. WxPython

WxPython 的功能要强于 Tkinter。其基于面向对象的编程风格,设计的框架类似 MFC。在大型 GUI 应用方面,WxPython 具有很强的优势。需要注意的是,可能需要将 WxPython 与应用程序捆绑在一起,因为它不会随 Python 自动安装。

WxPython 入门也比较容易,它是比较流行的一个 Tkinter 的替代品,在各种平台上都有不错的表现。

此外还有一些界面编程框架,例如 PySide、PyGTK、Jython、IronPython 等。本章主要学习 Tkinter 界面编程技术,学会后再去学习其他界面技术也就很简单了。

4.3 Tkinter 编程流程

Tkinter 是使用 Python 进行窗口界面设计的模块。Tkinter 模块是 Python 的标准 Tk GUI 工具包的接口。Tkinter 是 Python 自带的技术,可以用 GUI 实现很多直观的功能,例如想开发一个计算器。如果只有一个命令行窗口用于程序的输入、输出,程序使用非常不方便,用户体验较差。因此,编写一个易于操作的图形化界面是非常必要的。

对于稍有 GUI 编程经验的人来说,Python 的 Tkinter 界面库是非常简单的。Python 的 GUI 库非常多,选择 Tkinter 有 3 个原因:①最为简单;②Tkinter 为自带库,不需下载安装,可以随时使用;③从需求出发,Python 作为一种脚本语言,一种胶水语言,一般不会用来开发复杂的桌面应用,但可以作为一个灵活的工具,那么在工作中,需要制作一个界面的小工具,不仅自己可用,也能分享给别人使用,在这种需求下,Tkinter 足够胜任。

Python 自带了 Tkinter 模块,实质上是一种流行的面向对象的 GUI 工具包 Tkinter 的 Python 编程接口,提供了快速便利地创建 GUI 应用程序的方法。其图像化编程的基本步骤如下:

(1) 导入 Tkinter 模块;

(2) 创建 GUI 窗口;

(3) 添加人机交互控件并编写相应的函数;

(4) 在主事件循环中等待用户触发事件响应。

4.4 Tkinter 根窗体

根窗体是图像化应用程序的根控制器,是 Tkinter 底层控件的实例。当导入 Tkinter 模块后,调用 Tk() 方法可初始化一个根窗体实例 root,用 title() 方法可设置其标题文字,用 geometry() 方法可以设置窗体的大小(以像素为单位)。将其置于主循环中,除非用户关闭,否则程序始终处于运行状态。执行该程序,一个窗体就呈现出来了。在这个主循环的根窗体中,可持续呈现其中的其他可视化控件实例,监测事件的发生并执行相应的处理程序。例 4-1 是根窗体的呈现示例。

【例 4-1】 根窗体示例

```
from tkinter import *
root=Tk()
root.title('我的第一个 Python 窗体')
root.geometry('240x240') #这里的乘号不是 * ,而是小写英文字母 x
root.mainloop()
```

运行结果如图 4-1 所示。

图 4-1 中,程序使用 Tk() 构造方法创建了一个窗体对象,接下来分别对此对象的标题和大小赋值。窗体的方法 mainloop() 通过循环,使得窗口不会自动关闭,等待用户的交互动作。除非用户主动关闭,程序才会退出。

图 4-1 根窗体界面

4.5 Tkinter 常见控件和属性

Tkinter 中有许多用来和用户交互的控件,有些控件比较常用,有些则在少数情况下才能用到。表 4-1 列出了常见控件的名称和作用。

表 4-1 Tkinter 控件表

控件名称	描　述
Button	按钮控件,在程序中显示按钮
Canvas	画布控件,显示图形元素,如线条或文本
Checkbutton	复选框控件,用于在程序中提供多项选择
Entry	输入控件,用于显示简单的文本内容
Frame	框架控件,在屏幕上显示一个矩形区域,多用来作为容器
Label	标签控件,可以显示文本和位图
Listbox	列表框控件,用来显示一个字符串列表给用户
Menubutton	菜单按钮控件,用于显示菜单项
Menu	菜单控件,显示菜单栏、下拉菜单和弹出菜单
Message	消息控件,用来显示多行文本,与 Label 类似
Radiobutton	单选按钮控件,显示一个单选的按钮状态
Scale	范围控件,显示一个数值刻度,为输出限定范围的数字区间
Scrollbar	滚动条控件,当内容超过可视化区域时使用,如列表框
Text	文本控件,用于显示多行文本
Toplevel	容器控件,用来提供一个单独的对话框,和 Frame 类似

控件名称	描　　述
Spinbox	输入控件，与 Entry 类似，但是可以指定输入范围值
PanedWindow	一个窗口布局管理的插件，可以包含一个或者多个子控件
LabelFrame	一个简单的容器控件，常用于复杂的窗口布局
tkMessageBox	用于显示应用程序的消息框

　　在窗体上呈现的可视化控件通常包括尺寸、颜色、字体、相对位置、浮雕样式、图标样式和悬停光标形状等共同属性。不同的控件由于形状和功能不同，又有其特征属性。在初始化根窗体和根窗体主循环之间，可实例化窗体控件，并设置其属性。父容器可为根窗体或其他容器控件实例。标准属性也就是所有控件的共同属性，如大小、字体和颜色等。表 4-2 列出了常见的控件属性。

表 4-2　Tkinter 控件属性表

属　　性	描　　述	属　　性	描　　述
Dimension	控件大小	Fg	前景色
Color	控件颜色	Height	高（文本控件的单位为行，不是像素）
Font	控件字体	Image	显示图像
Anchor	锚点	Justify	多行文本的对齐方式
Relief	控件样式	Padx	水平扩展像素
Bitmap	位图	Pady	垂直扩展像素
Cursor	光标	Relief	3D 浮雕样式
Anchor	文本起始位置	State	控件实例状态是否可用
Bg	背景色	Width	宽（文本控件的单位为行，不是像素）
Bd	加粗（默认为 2 像素）		

　　下面介绍如何使用这些控件。例 4-2 是一个 Tkinter 控件使用示例。

【例 4-2】　Tkinter 控件使用示例

```
from tkinter import *

root=Tk()
lb=Label(root, text='标签: ', \
        bg='#d3fbfb', \
        fg='red', \
        font=('华文新魏', 32), \
        width=20, \
        height=2, \
        relief=SUNKEN)
lb.pack()
```

运行结果如图 4-2 所示：

图 4-2 标签

其中，标签实例 lb 在父容器 root 中实例化，具有代码中所示的 text（文本）、bg（背景色）、fg（前景色）、font（字体）、width（宽，默认以字符为单位）、height（高，默认以字符为单位）和 relief（浮雕样式）等一系列属性。

在实例化控件时，实例的属性可以"属性＝属性值"的形式枚举列出，不区分先后次序。例如："text＝'我是第一个标签'"显示标签的文本内容，"bg='♯d3fbfb'"设置背景色为十六进制数 RGB 色 ♯d3fbfb 等。属性值通常用文本形式表示。

4.6 控件布局

所谓布局指的是如何安排窗体上各个控件的位置、大小、对齐方式以及包含关系等。控件的布局通常有 pack()、grid() 和 place() 3 种方法，下面逐一介绍。

4.6.1 pack()

这是一种简单的布局方法，如果不加参数的默认方式，将按布局语句的先后，以最小占用空间的方式自上而下地排列控件实例，并且保持控件本身的最小尺寸，如例 4-3 pack() 布局示例所示：

例 4-3 pack() 布局示例

```
from tkinter import   *
root=Tk()

lbred=Label(root,text="Red",fg="Red",relief=GROOVE)
lbred.pack()
lbgreen=Label(root,text="绿色",fg="green",relief=GROOVE)
lbgreen.pack()
lbblue=Label(root,text="蓝",fg="blue",relief=GROOVE)
lbblue.pack()
root.mainloop()
```

运行结果如图 4-3 所示。

用 pack() 方法不加参数排列标签。为看清楚各控件所占用的空间大小，文本用了不同长度的中英文，并设置 relief＝GROOVE 的凹陷边缘属性。

使用 pack() 方法可设置 fill、side 等属性参数。其

图 4-3 pack() 布局

中,参数 fill 可取值 fill＝X,fill＝Y 或 fill＝BOTH,分别表示允许控件水平方向、垂直方向或二维伸展填充未被占用控件。参数 side 可取值 side＝TOP(默认),side＝LEFT,side＝RIGHT,side＝BOTTOM,分别表示本控件实例的布局相对于下一个控件实例的方位。设置属性参数如例 4-4 所示。

【例 4-4】　pack()布局使用 fill 属性示例

```
from tkinter import  *
root=Tk()

lbred=Label(root,text="Red",fg="Red",relief=GROOVE)
lbred.pack()
lbgreen=Label(root,text="绿色",fg="green",relief=GROOVE)
lbgreen.pack(side=RIGHT)
lbblue=Label(root,text="蓝",fg="blue",relief=GROOVE)
lbblue.pack(fill=X)
root.mainloop()
```

运行结果如图 4-4 所示。

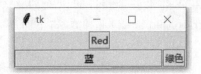

图 4-4　pack()布局使用 fill 属性

4.6.2　grid()

grid()方法是基于网格的布局方法。先虚拟一个二维表格,再在该表格中布局控件实例。由于在虚拟表格的单元中所布局的控件实例大小不一,单元格也没有固定或均一的大小,因此其仅用于布局的定位。pack()方法与 grid()方法不能混合使用。

grid()方法常用的布局参数如下。

(1) column:控件实例的起始列,最左边为第 0 列。

(2) columnspan:控件实例所跨越的列数,默认为 1 列。

(3) ipadx,ipady:控件实例所呈现区域内部的像素数,用来设置控件实例的大小。

(4) padx,pady:控件实例所占据空间像素数,用来设置实例所在单元格的大小。

(5) row:控件实例的起始行,最上面为第 0 行。

(6) rowspan:控件实例的起始行数,默认为 1 行。

例 4-5 描述了如何用 grid()进行布局。

【例 4-5】　grid()布局示例

```
from tkinter import  *
root=Tk()
```

```
lbred=Label(root,text="Red",fg="Red",relief=GROOVE)
lbred.grid(column=2,row=0)
lbgreen=Label(root,text="绿色",fg="green",relief=GROOVE)
lbgreen.grid(column=0,row=1)
lbblue=Label(root,text="蓝",fg="blue",relief=GROOVE)
lbblue.grid(column=1,columnspan=2,ipadx=20,row=2)
root.mainloop()
```

运行结果如图 4-5 所示。

图 4-5　grid()布局

例 4-5 中使用用 grid()方法排列标签,有一个 3×4 的表格,起始行、列序号均为 0。将标签 lbred 置于第 2 列第 0 行,将标签 lbgreen 置于第 0 列第 1 行,将标签 lbblue 置于第 1 列起跨 2 列第 2 行,占 20 像素宽。

4.6.3　place()

place()方法根据控件实例在父容器中的绝对或相对位置参数进行布局。其常用布局参数如下。

(1) x,y:控件实例在根窗体中水平和垂直方向上的起始位置(单位为像素)。注意,根窗体左上角为 0,0,水平向右,垂直向下为正方向。

(2) relx,rely:控件实例在根窗体中水平和垂直方向上起始布局的相对位置,即相对于根窗体宽和高的比例位置,取值范围在 0.0～1.0。

(3) height,width:控件实例本身的高度和宽度(单位为像素)。

(4) relheight,relwidth:控件实例相对于根窗体的高度和宽度比例,取值范围在 0.0～1.0。

利用 place()方法配合 relx,rely 和 relheight,relwidth 参数所得到的界面可自适应根窗体尺寸的大小。place()方法与 grid()方法可以混合使用,见例 4-6。

【例 4-6】　place()布局示例

```
from tkinter import *
root=Tk()
root.geometry('320x240')

msg1=Message(root,text='''我的水平起始位置相对窗体 0.2,垂直起始位置为绝对位置 80 像素,我的高度是窗体高度的 0.4,宽度是 200 像素''',relief=GROOVE)
msg1.place(relx=0.2,y=80,relheight=0.4,width=200)
root.mainloop()
```

运行结果如图 4-6 所示。

图 4-6 place()布局

4.7 常见控件

4.7.1 文本的输入与输出控件

文本的输入与输出控件通常包括标签(Label)、消息(Message)、输入框(Entry)、文本框(Text)。它们除了前述共同属性外,都具有一些特征属性和功能。

1. 标签和消息

除了单行与多行的不同外,标签和消息的属性和用法基本一致,用于呈现文本信息。值得注意的是,属性 text 通常用于实例在第一次呈现时的固定文本,而如果需要在程序执行后发生变化,则可以使用下列方法之一实现。

(1) 用控件实例的 configure()方法来改变属性 text 的值,可使显示的文本发生变化。

(2) 先定义一个 Tkinter 的内部类型变量 var=StringVar(),其值也可以使显示文本发生变化。

接下来,试制作一个电子时钟,用 root 的 after()方法每隔 1s 用 time 模块获取系统当前时间,并在标签中显示出来。

可以利用 configure()方法或 config()来实现文本变化,如例 4-7 所示。

【例 4-7】 使用 configure()方法示例

```python
import tkinter
import time

def gettime():
    timestr=time.strftime("%H:%M:%S")      #获取当前的时间并转换为字符串
    lb.configure(text=timestr)             #重新设置标签文本
    root.after(1000,gettime)               #每隔 1s 调用函数 gettime()自身获取时间
```

```
root=Tkinter.Tk()
root.title('时钟')

lb=Tkinter.Label(root,text='',fg='blue',font=("黑体",80))
lb.pack()
gettime()
root.mainloop()
```

也可利用 textvariable 变量属性来实现文本变化，如例 4-8 所示。

【例 4-8】　使用 textvariable 变量示例

```
import tkinter
import time

def gettime():
    var.set(time.strftime("%H:%M:%S"))    #获取当前时间
    root.after(1000,gettime)    #每隔 1s 调用函数 gettime()自身获取时间

root=Tkinter.Tk()
root.title('时钟')
var=Tkinter.StringVar()

lb=Tkinter.Label(root,textvariable=var,fg='blue',font=("黑体",80))
lb.pack()
gettime()
root.mainloop()
```

运行结果如图 4-7 所示。

图 4-7　时钟代码示例

2. 文本框

文本框的常用方法如下。

（1）delete(起始位置,[,终止位置])：删除指定区域文本。

（2）get(起始位置,[,终止位置])：获取指定区域文本。

（3）insert(位置,[,字符串]...)：将文本插入到指定位置。

（4）see(位置)：在指定位置是否可见文本,返回布尔值。

（5）index(标记)：返回标记所在的行和列。

（6）mark_names()：返回所有标记名称。

（7）mark_set(标记,位置)：在指定位置设置标记。

（8）mark_unset(标记)：去除标记。

例 4-9 是一个关于文本框使用方法的示例。

【例 4-9】　文本框示例

```
from tkinter import *
import time
import datetime
```

```
def gettime():
    s=str(datetime.datetime.now())+'\n'
    txt.insert(END,s)
    root.after(1000,gettime)   #每隔1s调用函数gettime自身获取时间

root=Tk()
root.geometry('320x240')
txt=Text(root)
txt.pack()
gettime()
root.mainloop()
```

运行结果如图4-8所示。

本例中调用 datetime.now()获取当前日期时间,用 insert()方法每次从文本框的尾部(END)开始追加文本。

3. 输入框

输入框通常作为功能比较单一的接收单行文本输入的控件,虽然也有许多对其中文本进行操作的方法,但通常用的只有取值方法 get()和用于删除文本的 delete(起始位置,终止位置),例如清空输入框为delete(0,END)。

图 4-8　文本框示例结果

4.7.2　交互式控件

交互式控件通常包括按钮(Button)、单选按钮(Radiobutton)、复选框(Checkbutton)、列表框(Listbox)、组合框(Combobox)、滑块(Scale)、菜单(Menu)。

1. 按钮

按钮主要是为响应鼠标单击事件触发运行程序所设的,故除控件共有属性外,属性command 是其最为重要的属性。通常,将按钮要触发执行的程序以函数形式预先定义,然后可以用以下两种方法调用函数。

(1) 直接调用函数。参数表达式为"command=函数名",注意函数名后面不要加括号,也不能传递参数。如例 4-10 的"command=run1:"。

(2) 利用匿名函数调用函数和传递参数。参数的表达式为"command=lambda:函数名(参数列表)"。如例 4-10 的"command=lambda:run2(inp1.get(),inp2.get())"。

例 4-10 实现:①从两个输入框取得输入文本后转为浮点数值进行加法运算,要求每次单击按钮产生的结果以文本的形式追加到文本框中,将原输入框清空;②按钮"方法一"不传参数调用函数 run1()实现,按钮"方法二"用 lambda 调用函数 run2(x,y)同时传递参数实现。

【例 4-10】 按钮示例

```
from tkinter import *

def run1():
    a=float(inp1.get())
    b=float(inp2.get())
    s='%0.2f+%0.2f=%0.2f\n' %(a, b, a+b)
    txt.insert(END, s)              #追加显示运算结果
    inp1.delete(0, END)             #清空输入
    inp2.delete(0, END)             #清空输入

def run2(x, y):
    a=float(x)
    b=float(y)
    s='%0.2f+%0.2f=%0.2f\n' %(a, b, a+b)
    txt.insert(END, s)              #追加显示运算结果
    inp1.delete(0, END)             #清空输入
    inp2.delete(0, END)             #清空输入

root=Tk()
root.geometry('460x240')
root.title('简单加法器')

lb1=Label(root, text='请输入两个数,按下面两个按钮之一进行加法计算')
lb1.place(relx=0.1, rely=0.1, relwidth=0.8, relheight=0.1)
inp1=Entry(root)
inp1.place(relx=0.1, rely=0.2, relwidth=0.3, relheight=0.1)
inp2=Entry(root)
inp2.place(relx=0.6, rely=0.2, relwidth=0.3, relheight=0.1)

#方法 1：直接调用 run1()
btn1=Button(root, text='方法一', command=run1)
btn1.place(relx=0.1, rely=0.4, relwidth=0.3, relheight=0.1)

#方法 2：利用 lambda 传参数调用 run2()
btn2=Button(root, text='方法二', command=lambda: run2(inp1.get(), inp2.get()))
btn2.place(relx=0.6, rely=0.4, relwidth=0.3, relheight=0.1)

#在窗体垂直自上而下位置 60%处起,布局相对窗体高度 40%高的文本框
txt=Text(root)
txt.place(rely=0.6, relheight=0.4)

root.mainloop()
```

运行结果如图 4-9 所示。

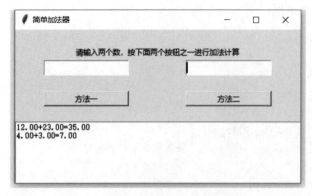

图 4-9　按钮示例结果

2. 单选按钮

单选按钮是为了响应互相排斥的若干单选项的单击事件以触发运行自定义函数所设的，除共有属性外，单选按钮还具有显示文本(text)、返回变量(variable)、返回值(value)、响应函数名(command)等重要属性。响应函数名"command＝函数名"的用法与按钮相同，函数名最后也要加括号。返回变量 variable＝var 通常应预先声明变量的类型 var＝IntVar()或 var＝StringVar()，在所调用的函数中方可用 var.get()方法获取被选中实例的 value 值，如例 4-11 所示。

【例 4-11】 单选按钮示例

```python
from tkinter import *

def Mysel():
    dic={0: '甲', 1: '乙', 2: '丙'}
    s="您选了"+dic.get(var.get())+"项"
    lb.config(text=s)


root=Tk()
root.title('单选按钮')
lb=Label(root)
lb.pack()


var=IntVar()
rd1=Radiobutton(root, text="甲", variable=var, value=0, command=Mysel)
rd1.pack()

rd2=Radiobutton(root, text="乙", variable=var, value=1, command=Mysel)
rd2.pack()

rd3=Radiobutton(root, text="丙", variable=var, value=2, command=Mysel)
rd3.pack()
```

```
root.mainloop()
```

运行结果如图 4-10 所示。

图 4-10　单选按钮示例结果

3. 复选框

复选框是返回多个选项值的交互控件,通常不直接触发函数的执行。除具有共有属性外,该控件还具有显示文本(text)、返回变量(variable)、选中返回值(onvalue)和未选中默认返回值(offvalue)等重要属性。返回变量 variable＝var 通常可以预先逐项分别声明变量的类型 var＝IntVar()(默认)或 var＝StringVar(),在所调用的函数中方可分别调用 var.get()方法取得被选中实例的 onvalue 或 offvalue 值。复选框实例通常还可分别利用 select()、deselect()和 toggle() 方法进行选中、清除选中和反选操作。

利用复选框实现例 4-12,单击 OK 按钮,可以将选中的结果显示在标签上。

【例 4-12】　复选框示例

```
from tkinter import *
import tkinter

def run():
    if(CheckVar1.get()==0 and CheckVar2.get()==0 and CheckVar3.get()==0 and
CheckVar4.get()==0):
        s='您还没选择任何爱好项目'
    else:
        s1="足球" if CheckVar1.get()==1 else ""
        s2="篮球" if CheckVar2.get()==1 else ""
        s3="游泳" if CheckVar3.get()==1 else ""
        s4="田径" if CheckVar4.get()==1 else ""
        s="您选择了%s %s %s %s" %(s1,s2,s3,s4)
    lb2.config(text=s)

root=Tkinter.Tk()
root.title('复选框')
lb1=Label(root,text='请选择您的爱好项目')
lb1.pack()

CheckVar1=IntVar()
CheckVar2=IntVar()
```

```
CheckVar3=IntVar()
CheckVar4=IntVar()

ch1=Checkbutton(root,text='足球',variable=CheckVar1,onvalue=1,offvalue=0)
ch2=Checkbutton(root,text='篮球',variable=CheckVar2,onvalue=1,offvalue=0)
ch3=Checkbutton(root,text='游泳',variable=CheckVar3,onvalue=1,offvalue=0)
ch4=Checkbutton(root,text='田径',variable=CheckVar4,onvalue=1,offvalue=0)

ch1.pack()
ch2.pack()
ch3.pack()
ch4.pack()

btn=Button(root,text="OK",command=run)
btn.pack()

lb2=Label(root,text='')
lb2.pack()
root.mainloop()
```

运行结果如图 4-11 所示。

图 4-11　复选框示例结果

4. 列表框

列表框可供用户单选或多选所列条目,以形成人机交互。列表框控件的主要方法如下。

(1) curselection():返回光标选中项目编号的元组,注意并不是单个的整数。

(2) delete(起始位置,终止位置):删除项目,终止位置可省略,全部清空为 delete(0,END)。

(3) get(起始位置,终止位):返回范围所含项目文本的元组,终止位置可忽略。

(4) insert(位置,项目元素):插入项目元素(若有多项,可用列表或元组类型赋值),若位置为 END,则将项目元素添加在最后。

(5) size():返回列表框行数。

执行自定义函数时,通常使用"实例名.surselection()"或 selected 来获取选中项的位置索引。由于列表框实质上就是将 Python 的列表类型数据可视化呈现,在程序实现时,也可直接对相关列表数据进行操作,然后再通过列表框展示,而不必拘泥于可视化控件的方法。例 4-13 实现了列表框的初始化、添加、插入、修改、删除和清空操作。

【例 4-13】　列表框示例

```
from tkinter import *
def ini():
    Lstbox1.delete(0,END)
    list_items=["数学","物理","化学","语文","外语"]
    for item in list_items:
        Lstbox1.insert(END,item)
```

```
def clear():
    Lstbox1.delete(0,END)

def ins():
    if entry.get() !='':
        if Lstbox1.curselection()==():
            Lstbox1.insert(Lstbox1.size(),entry.get())
        else:
            Lstbox1.insert(Lstbox1.curselection(),entry.get())

def updt():
    if entry.get() !='' and Lstbox1.curselection() !=():
        selected=Lstbox1.curselection()[0]
        Lstbox1.delete(selected)
        Lstbox1.insert(selected,entry.get())

def delt():
    if Lstbox1.curselection() !=():
        Lstbox1.delete(Lstbox1.curselection())

root=Tk()
root.title('列表框实验')
root.geometry('320x240')

frame1=Frame(root,relief=RAISED)
frame1.place(relx=0.0)

frame2=Frame(root,relief=GROOVE)
frame2.place(relx=0.5)

Lstbox1=Listbox(frame1)
Lstbox1.pack()

entry=Entry(frame2)
entry.pack()

btn1=Button(frame2,text='初始化',command=ini)
btn1.pack(fill=X)

btn2=Button(frame2,text='添加',command=ins)
btn2.pack(fill=X)

btn3=Button(frame2,text='插入',command=ins)     #添加和插入功能实质上是一样的
btn3.pack(fill=X)
```

```
btn4=Button(frame2,text='修改',command=updt)
btn4.pack(fill=X)

btn5=Button(frame2,text='删除',command=delt)
btn5.pack(fill=X)

btn6=Button(frame2,text='清空',command=clear)
btn6.pack(fill=X)

root.mainloop()
```

运行结果如图 4-12 所示。

5. 组合框

组合框实质上是带文本框的上拉列表框,其功能也是将 Python 的列表类型数据可视化呈现,并提供用户单选或多选所列条目以形成人机交互。在图形化界面设计时,由于其具有灵活的界面,因此往往比列表框更受喜爱。但该控件并不包含在 Tkinter 模块中,而是与 TreeView、Progressbar、Separator 等控件一同包含在 Tkinter 的子模块 ttk 中。如果使用该控件,应先用 from Tkinter import ttk 语句引用 ttk 子模块,然后创建组合框实例:

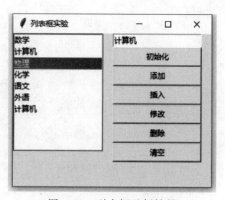

图 4-12　列表框示例结果

```
实例名=Combobox(根对象,[属性列表])
```

指定变量 var＝StringVar(),并设置实例属性 textvariable＝var,values＝[列表...]。组合框控件常用方法有获得所选中的选项值 get() 和获得所选中的选项索引 current()。

例 4-14 实现了一个四则运算计算器,将两个操作数分别填入两个文本框后,通过选择组合框中的算法触发运算。

【例 4-14】 组合框示例

```
from tkinter import *
from tkinter.ttk import *

def calc(event):
    a=float(t1.get())
    b=float(t2.get())
    dic={0:a+b,1:a-b,2:a*b,3:a/b}
    c=dic[comb.current()]
    lbl.config(text=str(c))

root=Tk()
root.title('四则运算')
```

```
root.geometry('320x240')

t1=Entry(root)
t1.place(relx=0.1,rely=0.1,relwidth=0.2,relheight=0.1)

t2=Entry(root)
t2.place(relx=0.5,rely=0.1,relwidth=0.2,relheight=0.1)

var=StringVar()

comb=Combobox(root,textvariable=var,values=['加','减','乘','除',])
comb.place(relx=0.1,rely=0.5,relwidth=0.2)
comb.bind('<<ComboboxSelected>>',calc)

lbl=Label(root,text='结果')
lbl.place(relx=0.5,rely=0.7,relwidth=0.2,relheight=0.3)

root.mainloop()
```

运行结果如图 4-13 所示。

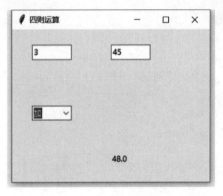

图 4-13　组合框示例结果

6. 滑块

滑块是一种直观地进行数值输入的交互控件,其主要属性如下。

(1) from_:起始值(最小可取值)。

(2) lable:标签文字,默认为无。

(3) length:滑块控件实例宽(水平方向)或高(垂直方向),默认为 100 像素。

(4) orient:滑块控件实例呈现方向,可为 VERTICAL 或 HORIZONTAL(默认)。

(5) repeatdelay:鼠标响应延时,默认为 300ms。

(6) resolution:分辨精度,即最小值间隔。

(7) sliderlength:滑块宽度,默认为 30 像素。

(8) state:状态,若设置 state=DISABLED,则滑块控件实例不可用。

(9) tickinterval:标尺间隔,默认为 0,若设置过小,则会重叠。

（10）to：终止值（最大可取值）。

（11）variable：返回数值类型，可为 IntVar（整数）、DoubleVar（浮点数）或 StringVar（字符串）。

（12）width：控件实例本身的宽度，默认为 15 像素。

滑块控件实例的主要方法比较简单，有 get() 和 set()，分别为取值和将滑块设在某特定值上。滑块实例也可绑定鼠标左键释放事件 ＜ButtoonRelease-1＞，并在执行函数中添加参数 event 来实现事件响应。

在一个窗体上设计一个 200 像素宽的水平滑块，取值范围为 1.0～5.0，分辨精度为 0.05，刻度间隔为 1，用鼠标拖动滑块后释放鼠标可读取滑块值并显示在标签上，如例 4-15 所示。

【例 4-15】 滑块示例

```python
from tkinter import *

def show(event):
    s='滑块的取值为'+str(var.get())
    lb.config(text=s)

root=Tk()
root.title('滑块实验')
root.geometry('320x180')
var=DoubleVar()
scl=Scale(root, orient=HORIZONTAL, length=200, from_=1.0, to=5.0, label='请拖动
滑块', tickinterval=1, resolution=0.05,  variable=var)
scl.bind('<ButtoonRelease-1>', show)
scl.pack()

lb=Label(root, text='')
lb.pack()

root.mainloop()
```

运行结果如图 4-14 所示。

7. 菜单

菜单用于可视化地为一系列的命令分组，从而方便用户找到和触发执行这些命令。可以用 Menu 实例化一个菜单，其通用格式为：

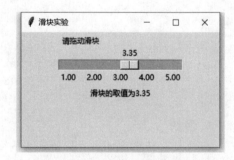

图 4-14　滑块示例结果

```
菜单实例名=Menu(根窗体)
菜单分组 1=Menu(菜单实例名)
菜单实例名.add_cascade(<label=菜单分组 1 显示文本>,<menu=菜单分组 1>)
菜单分组 1.add_command(<label=命令 1 文本>,<command=命令 1 函数名>)
```

其中较为常见的方法有 add_cascade()、add_command() 和 add_separator()，分别用于

添加一个菜单分组、添加一条菜单命令和添加一条分割线。

利用 Menu 控件也可以创建快捷菜单(又称为上下文菜单)。通常需要右击弹出的控件实例绑定鼠标右击响应事件<Button-3>,并指向一个捕获 event 参数的自定义函数,在该自定义函数中将鼠标的触发位置 event.x_root 和 event.y_root 以 post()方法传给菜单。

接下来仿照 Windows 自带的"记事本"中的"文件"和"编辑"菜单,实现在主菜单和快捷菜单上触发菜单命令,并相应改变窗体上标签的文本内容,见例 4-16。

【例 4-16】 菜单示例

```
from tkinter import *

def new():
    s='新建'
    lb1.config(text=s)


def ope():
    s='打开'
    lb1.config(text=s)


def sav():
    s='保存'
    lb1.config(text=s)


def cut():
    s='剪切'
    lb1.config(text=s)


def cop():
    s='复制'
    lb1.config(text=s)


def pas():
    s='粘贴'
    lb1.config(text=s)


def popupmenu(event):
    mainmenu.post(event.x_root,event.y_root)


root=Tk()
root.title('菜单实验')
root.geometry('320x240')

lb1=Label(root,text='显示信息',font=('黑体',32,'bold'))
lb1.place(relx=0.2,rely=0.2)
```

```
mainmenu=Menu(root)
menuFile=Menu(mainmenu)               #菜单分组 menuFile
mainmenu.add_cascade(label="文件",menu=menuFile)
menuFile.add_command(label="新建",command=new)
menuFile.add_command(label="打开",command=ope)
menuFile.add_command(label="保存",command=sav)
menuFile.add_separator()               #分隔线
menuFile.add_command(label="退出",command=root.destroy)

menuEdit=Menu(mainmenu)               #菜单分组 menuEdit
mainmenu.add_cascade(label="编辑",menu=menuEdit)
menuEdit.add_command(label="剪切",command=cut)
menuEdit.add_command(label="复制",command=cop())
menuEdit.add_command(label="粘贴",command=pas())

root.config(menu=mainmenu)
root.bind('Button-3',popupmenu)        #根窗体绑定鼠标右击响应事件
root.mainloop()
```

运行结果如图 4-15 所示。

图 4-15　菜单示例结果

4.7.3　对话框控件

1. 消息对话框

通过引用 Tkinter.messagebox 包,可使用消息对话框函数。执行这些函数,可弹出模式消息对话框,并根据用户的响应返回一个布尔值。其通式为:

消息对话框函数(<title=标题文本>,<message=消息文本>,[其他参数])

例 4-17 添加了一个单击按钮,弹出确认/取消对话框,并将用户回答显示在标签中。

【例 4-17】　消息对话框示例

```
from tkinter import *
import tkinter.messagebox
```

```
def xz():
    answer=Tkinter.messagebox.askokcancel('请选择','请选择确定或取消')
    if answer:
        lb.config(text='已确认')
    else:
        lb.config(text='已取消')

root=Tk()

lb=Label(root,text='')
lb.pack()
btn=Button(root,text='弹出对话框',command=xz)
btn.pack()
root.mainloop()
```

运行结果如图 4-16 所示。

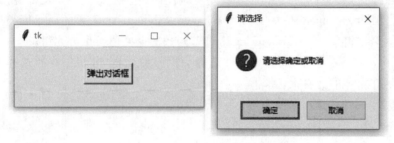

图 4-16 消息对话框示例结果

2. 输入对话框

通过引用 Tkinter.simpledialog 包,可弹出输入对话框,用以接收用户的简单输入。输入对话框常用 askstring()、askinteger()和 askfloat() 3 种函数,分别用于接收字符串、整数和浮点数类型的输入。

例 4-18 添加了一个单击按钮,弹出输入对话框,接收文本输入显示在窗体的标签上。

【例 4-18】 输入对话框示例

```
from tkinter.simpledialog import *

def xz():
    s=askstring('请输入','请输入一串文字')
    lb.config(text=s)

root=Tk()

lb=Label(root,text='')
lb.pack()
```

```
btn=Button(root,text='弹出输入对话框',command=xz)
btn.pack()
root.mainloop()
```

运行结果如图 4-17 所示。

图 4-17　输入对话框示例结果

3. 文件选择对话框

引用 tkinter.filedialog 包,可弹出文件选择对话框,让用户直观地选择一个或一组文件,以供进一步的文件操作。常用的文件选择对话框函数有 askopenfilename()、askopenfilenames()和 asksaveasfilename(),分别用于进一步打开一个文件、打开一组文件和保存文件。其中,askopenfilename()和 asksaveasfilename()函数的返回值类型为包含文件路径的文件名字符串,而 askopenfilenames()函数的返回值类型为元组。

例 4-19 中添加了单击按钮,弹出文件选择"打开"对话框,并将用户所选择的文件路径和文件名显示在窗体的标签上。

【例 4-19】　文件选择对话框示例

```
from tkinter import *
import Tkinter.filedialog

def xz():
    filename=Tkinter.filedialog.askopenfilename()
    if filename !='':
        lb.config(text='您选择的文件是'+filename)
    else:
        lb.config(text='您没有选择任何文件')

root=Tk()

lb=Label(root,text='')
lb.pack()
btn=Button(root,text='弹出文件选择对话框',command=xz)
btn.pack()
root.mainloop()
```

运行结果如图 4-18 所示。

4. 颜色选择对话框

引用 Tkinter.colorchooser 包,可使用 askcolor()函数弹出模式颜色选择对话框,让用

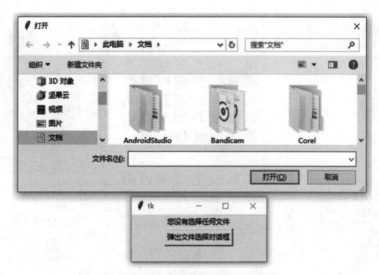

图4-18 文件选择对话框示例结果

户个性化地设置颜色属性。该函数的返回形式为包含 RGB 十进制浮点元组和 RGB 十六进制字符串的元组类型,例如:"((135.527343.52734375,167.65234375,186.7265625)),'♯87a7ba'"。通常可将其转换为字符串类型后,再截取以十六进制数表示的 RGB 颜色字符串,用于为属性赋值。

例 4-20 中,用户单击按钮,弹出颜色选择对话框,并将用户所选择的颜色设置为窗体上标签的背景颜色。

【例 4-20】 颜色选择对话框示例

```
from tkinter import *
import tkinter.colorchooser


def xz():
    color=Tkinter.colorchooser.askcolor()
    colorstr=str(color)
    print('打印字符串%s 切掉后=%s' %(colorstr,colorstr[-9:-2]))
    lb.config(text=colorstr[-9:-2],background=colorstr[-9:-2])


root=Tk()


lb=Label(root,text='请关注颜色的变化')
lb.pack()
btn=Button(root,text='弹出颜色选择对话框',command=xz)
btn.pack()
root.mainloop()
```

运行结果如图 4-19 所示。

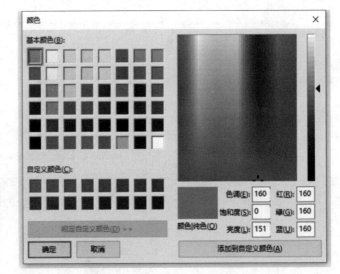

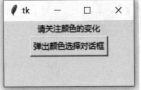

图 4-19　颜色选择对话框示例结果

4.8 事件响应

用 Tkinter 可将用户事件与自定义函数绑定，用键盘或鼠标的动作事件来响应触发自定义函数的执行。其通式为：

控件实例.bind(<事件代码>,<函数名>)

其中，事件代码通常以半角小于号"<"和大于号">"界定，包括事件和按键等 2～3 个部分，它们之间用减号分隔，常见事件代码如下。

（1）单击鼠标左键：<ButtonPress-1>，可简写为<Button-1>或<1>。

（2）按住鼠标滚轮：<ButtonPress-2>，可简写为<Button-2>或<2>。

（3）单击鼠标右键：<ButtonPress-3>，可简写为<Button-3>或<3>。

（4）释放鼠标左键：<ButtonRelease-1>。

（5）释放鼠标滚轮：<ButtonRelease-2>。

（6）释放鼠标右键：<ButtonRelease-3>。

（7）按住鼠标左键移动：<B1-Motion>。

（8）按住鼠标滚轮移动：<B2-Motion>。

（9）按住鼠标右键移动：<B3-Motion>。

（10）转动鼠标滚轮：<MouseWheel>。

（11）双击鼠标左键：<Double-Button-1>。

（12）鼠标进入控件实例：<Enter>，注意与回车事件的区别。

（13）鼠标离开控件实例：<Leave>。

（14）键盘任意键：<Key>。

（15）字母和数字：<Key-字母>，例如<key-a>、<Key-A>，简写不带小于和大于号。

（16）回车：<Return>,<Tab>,<Shift>,<Control>（注意不能用<Ctrl>）,<Alt>等。

（17）空格：<Space>。

（18）方向键：<Up>,<Down>,<Left>,<Right>。

（19）功能键：<Fn>,例如<F1>等。

（20）组合键：键名之间以短线连接,例如<Control-k>,<Shift-6>,<Alt-Up>等,注意大小写。

将框架控件实例 frame 绑定鼠标右键单击事件,调用自定义函数 myfunc()可表示为"frame.bind('<Button-3>',myfunc)",注意 myfunc 后面没有括号。将控件实例绑定到键盘事件和部分光标不落在具体控件实例上的鼠标事件时,还需要设置该实例执行 focus_set()方法获得焦点,才能对事件持续响应,例如 frame.focus_set()。所调用的自定义函数若需要利用鼠标或键盘的响应值,可将 event 作为参数,通过 event 的属性获取。event 的属性如下。

（1）x 或 y（注意是小写）：相对于事件绑定控件实例左上角的坐标值（像素）。

（2）root_x 或 root_y（注意是小写）：相对于显示屏幕左上角的坐标值（像素）。

（3）char：可显示的字符,若按键不可显示,则返回为空字符串。

（4）keysysm：字符或字符型按键名,如"a"或"Escape"。

（5）keysysm_num：按键的十进制 ASCII 码值。

将标签绑定键盘任意键触发事件并获取焦点,并将按键字符显示在标签上响应键盘事件,代码如例 4-21 所示。

【例 4-21】　键盘事件示例

```
from tkinter import *

def show(event):
s=event.keysym
lb.config(text=s)

root=Tk()
root.title('按键实验')
root.geometry('200x200')
lb=Label(root,text='请按键',font=('黑体',48))
lb.bind('<Key>',show)
lb.focus_set()
lb.pack()
root.mainloop()
```

运行结果如图 4-20 所示。

图 4-20　键盘事件示例结果

小结

本章主要介绍了在 Python 中使用 Tkinter 来进行界面编程的知识,虽然 Python 中支持的界面编程的技术有很多种,但 Tkinter 无疑是最常用的一种。之后,本章介绍了几种不同的窗口布局方式,并且解释了不同常用控件的用法和通用属性。最后简单讲解了事件的用法。

通过本章的学习,读者应该掌握基本的界面编程方法,从而告别以前通过命令行来看结果的方式。相信使用了界面编程的程序会给用户带来不一样的感觉。当然,如果读者觉得 Tkinter 编程的效果不如意,也可以使用其他技术。总之,界面编程不是一件很轻松的事情,需要读者耐心学习,细心调试,才能得到最理想的效果。

习题

1. 常见的界面编程技术有哪些?
2. 简述 Tkinter 的编程流程。
3. 什么是控件的布局?常见的布局方法有哪些?
4. 什么是事件?什么是事件响应?
5. 简述单选按钮、复选按钮以及列表框在使用上的区别。
6. 使用输入对话框获取用户输入的两个数,将两个数相加并使用消息框显示两个数之和。
7. 设计一个窗体,并使得该窗体在屏幕上居中显示。
8. 设计一个用户注册窗体,使用合适的控件获取用户的输入。
9. 使用 Tkinter 模块,完成下列要求。
(1) 定义一个字典的列表,包括 3 个用户信息,包括用户名和密码。
(2) 创建一个登录窗口,让用户输入用户名和密码。
(3) 实现用户名和密码的校验。登录成功之后,使用消息控件显示成功信息。
(4) 当用户按下 Enter 键时也能触发登录事件。

第 5 章

Web 编程

5.1 导学

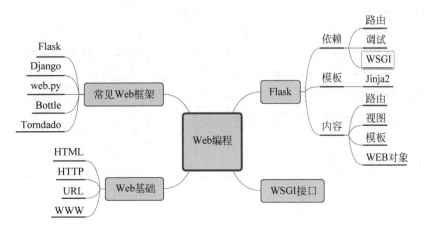

学习目标：

- 了解 Web 编程基本概念、技术、理论。
- 理解 HTML 语言以及在 Web 编程中的作用。
- 了解常见的 Python 语言 Web 框架。
- 掌握 Flask 框架的下载、安装和使用。

在计算机应用的历史中，早期程序都是桌面应用程序，只能运行在价格昂贵的大型机器上。随着个人计算机的逐步普及，应用程序开始安装到普通机器上，而数据库需要运行在服务器上，这样多个用户就可以共享数据服务，这就是 C/S(Client/Server)架构的由来。自从互联网兴起，越来越多的应用转为基于 Web 的 B/S(Browser/Server)架构程序，主要原因有以下 4 点。

（1）B/S 架构分布性强，个人计算机上不需要安装客户端，只需要安装浏览器即可，而浏览器通常由操作系统自带，非常方便。

（2）维护方便，应用程序的升级维护只需要在服务端进行，对客户端不会带来任何影响。

（3）业务扩展简单方便，通过增加网页即可增加服务器功能。

（4）开发简单，共享性强。

所以，到目前为止，除了少数对性能要求较高的大型应用之外，大部分软件都是基于 Web 的。Web 开发也经历了以下 4 个阶段。

（1）静态 Web 页面，通过文本编辑器直接编辑并生成静态的 HTML 页面，这些页面在应用使用过程中不会发生变化，如果要修改，需要再次编辑 HTML 内容。

（2）CGI 技术，静态 Web 页面无法处理用户动态提交的数据，出现了 CGI（Common Gateway Interface）技术，使用 C/C++ 实现，这个问题得以解决。

（3）ASP/JSP/PHP 技术，由于 Web 应用修改频繁，用 C/C++ 这样的语言进行 Web 开发非常麻烦，不如脚本语言开发效率高。因此市场上出现了基于脚本语言的开发技术，常见的有 ASP、JSP 以及 PHP 等。

（4）MVC 模式，为进一步解决直接用脚本语言嵌入 HTML 导致的可维护性差的问题，人们引入了 MVC（Model-View-Controller）模式。现在很多 Web 开发框架都基于 MVC 或者类似的模式。

Python 是一种解释型的脚本语言，开发效率高，对于 Web 编程也是一个非常好的选择。它提供了开发 Web 应用程序的卓越工具和成熟的编程框架。Python 有上百种 Web 开发框架和很多成熟的模板技术，选择 Python 开发 Web 应用，不但开发效率高，而且运行速度快。本章首先介绍了 Web 编程必须掌握的基本概念，供初学者了解基本原理。然后介绍 Flask 编程框架，介绍它的模板、表单、cookies、文件上传和部署等。掌握了这些知识之后，读者就可以开发一些简单的 Web 应用了。

5.2　Web 基础

学习 Web 应用开发，读者首先需要掌握以下概念。

5.2.1　Web

人们经常提到 Web 应用开发，但很多初学者搞不清 Web 到底是什么意思。其实，要清楚 Web 到底是什么，涉及其他几个容易混淆的概念。

计算机网络（Computer Network）概念外延最大，它可以是局域网络，也可以是很多计算机连接而成的互联网。由计算机相互连接而成的大型网络系统都可算是互联网，Internet 是互联网中最大的一个，即因特网。因特网是由许多小的网络互联而成的一个逻辑网，每个小的网络中还连接着若干台计算机（主机），基于通信协议（例如 TCP/IP）和通信子网（例如网络设备和电缆）实现网络通信。因为因特网是互联网中最大的一个，所以有时也将其称为互联网。

而 Web（world wide web），即全球广域网，也称为万维网，是一种基于超文本（Hypertext）和 HTTP 的、全球性的、动态交互的、跨平台的分布式图形信息系统；是建立在因特网上的一种网络服务，为浏览者在因特网上查找和浏览信息提供了图形化的、易于访问的直观界面，其中的文档及超链接（Hyperlink）将因特网上的信息结点组织成一个互为关联的网状结构。Web 页面使用前端编程语言和技术来实现，主要有 HTML、CSS 和 JavaScript。Web 只是因特网上的一个应用层服务。除了 Web 外，QQ、E-mail 等也是因特网上其他类型的应用层服务。

在因特网上可以找到许多联网的计算机，通过 Web 可以使用各种共享资源和应用，例如下载文件、听音乐、看视频等。所以因特网是 Web 的交流活动基础，而 Web 使得因特网共享信息更为便捷。

5.2.2　HTML

HTML（HyperText Markup Language）的全称为超文本标记语言，预定义了一系列标签。通过这些标签可以统一文档格式，使分散的因特网资源连接为一个逻辑整体。HTML 文本是由 HTML 命令组成的描述性文本，可以用于说明文字、图形、动画、声音、表格、链接等。

超文本是一种组织信息的方式，它通过超链接将文本中的文字、图表与其他信息媒体相关联。这些相互关联的信息媒体可能在同一文本中，也可能是其他文件，或是地理位置相距遥远的某台计算机上的文件。这种组织信息方式将分布在不同位置的信息资源用随机方式进行连接，为人们检索信息提供方便。

HTML 是用来标记 Web 信息如何展示以及其他特性的一种语法规则，最初于 1989 年由 CERN 的 Tim Berners-Lee 发明。HTML 基于早期的语言 SGML 定义，并简化了其中的语言元素，这些元素告诉浏览器如何在用户的屏幕上展示数据。HTML 历史上有较多版本，目前流行的版本是 HTML5。

下面展示一个简单的 HTML 页面的示例，如例 5-1 所示。

【例 5-1】　使用 HTML 示例

```
<!DOCTYPE html>
<html>
<head>
<meta charset="utf-8">
<title>HTML 示例</title>
</head>
<body>
    <h1>这是一个标题。</h1>
    <p>这是一个段落。</p>
    <p>这是另一个段落。</p>
</body>
</html>
```

上面的例子中，DOCTYPE 用来声明文档标准类型，告诉浏览器这是基于 HTML5 的

Web 页面，<html>与</html>是一组标签，用来描述文档基于 HTML。标签里面可以嵌入其他标签。这里标签<head>与</head>描述的是网页的相关描述信息，例如网页的标题等，而<body>与</body>标签之间放的主要是可视化网页内容，这些内容就是要呈现给网页用户的。其中，标签<h1>与</h1>之间的是一个标题，而<p>与 </p>之间是文章的一个段落。一个普通页面通常是由若干个标题和段落以及其他内容组成。

读者可以使用文本编辑器将例 5-1 中的代码编辑好，保存为以后缀为.html 的文件，然后使用任意浏览器打开就可以看到页面内容，如图 5-1 所示。

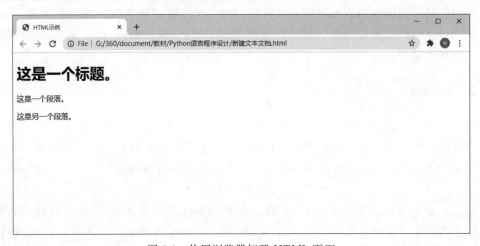

图 5-1　使用浏览器打开 HTML 页面

HTML 中有一个可向服务端提交数据的重要标签——Form（表单）。表单中包含不同类型的 input 元素、单选按钮、复选按钮和提交按钮等。下面是一个简单的登录页面，如例 5-2 所示。

【例 5-2】　登录页面示例

```
<!DOCTYPE html>
<htmllang="en">
<head>
    <meta charset="UTF-8">
    <title>Title</title>
</head>
<body>
<form action="" method="post">
    用户名:<br>
    <input type="text" name="username" placeholder="输入用户名">
    <br>
    密码:<br>
    <input type="password" name="password" placeholder="输入密码">
    <br><br>
    <input type="submit" value="登录">
    <input type="reset" value="重置">
</form>
```

```
</body>
</html>
```

上例中有一个表单,表单中的第一个属性 action 表示服务端的哪个对象来处理用户的数据,method 表示使用哪种 HTTP 方式提交,常见的是 post 和 get 两种方式。表单中有两个 input 标签,表示两个输入框。输入框还有多个子类型,使用 type 属性来区分。输入框的 name 属性不能缺少。最后有一个"登录"按钮,单击这个按钮后,用户输入的信息就会提交到服务端,而单击"重置"按钮,用户输入的信息会被清空。运行效果如图 5-2 所示。

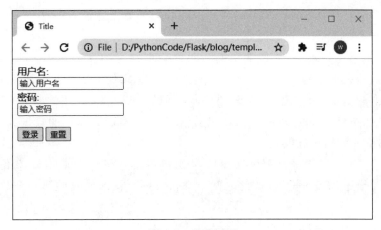

图 5-2 登录页面

5.2.3 URL

5.2.2 节中编写的静态 HTML 网页可以使用浏览器打开,浏览器的上方是一个用来输入 URL 的地址栏。通常可以使用该地址栏输入一个网址,来定位一个万维网上面的资源。

所谓 URL(Uniform Resource Locator)就是统一资源定位器,用来访问存在的资源,由如下几部分组成。

(1) 传送协议,常见的协议有 HTTP、FTP、HTTPS 等。

(2) 层级 URL 标记符号(为[//],固定不变)。

(3) 访问资源需要的凭证信息(可省略)。

(4) 服务器(通常为域名,也可以使用 IP 地址)。

(5) 端口号(以数字方式表示,若为 HTTP 协议,默认端口":80"可省略)。

(6) 路径(以"/"字符区别路径中的每一个目录名称)。

(7) 查询(GET 模式的窗体参数,以"?"字符为起点,每个参数以"&"隔开,再以"="分开参数名称与数据,通常以 UTF8 的 URL 编码,避开字符冲突的问题)。

(8) 片段,以"#"字符为起点。

以 http://www.nuist.edu.cn:80/index.html? page=1#firstSection 为例,其中 http 是传输的协议,5.2.4 节再重点介绍;www.nuist.edu.cn 是域名;冒号后面的 80 是服务器上的默认网络端口号;后面的/news/index.html 是路径;"? page=1"是该请求附带的参数。最后的#firstSection 是该页面上面的某个区域或者片段。这里需要注意的是,大多数网页浏览器不要求用户输入网页中"http://"的部分,因为绝大多数网页内容是超文本传输协议文件。同样,80 是 HTTP 的默认端口号,一般也不必写明。

5.2.4 HTTP

前面提到的 HTTP(HyperText Transfer Protocol)称为超文本传输协议,它是一种用于分布式、协作式和超媒体信息系统的应用层协议。

HTTP 是一个客户端和服务器端请求和应答的标准。通过使用网页浏览器,客户端发起一个 HTTP 请求到服务器上某个端口。应答的服务器上存储着一些资源,例如 HTML 文件和图像。

HTTP 中有若干请求类型,最常用的是两种请求方式:GET 与 POST 请求。简单来说,这两种方式的区别就是,GET 提交的数据会放在 URL 之后,也就是请求行里面,以"?"分割 URL 和传输数据,参数之间以"&"相连,上面的 URL 示例使用的就是 GET 请求。而 POST 方法是把提交的数据放在 HTTP 包的请求体中。GET 提交的数据大小有限制,而 POST 方法提交的数据没有限制。

所有 HTTP 响应的第一行都是状态行,依次包括当前 HTTP 版本号,3 位数字组成的状态代码,以及描述状态的短语,彼此之间由空格分隔。状态代码的第一个数字代表当前响应的类型:

(1) 1xx 表示消息,请求已被服务器接收,继续处理;

(2) 2xx 表示成功,请求已成功被服务器接收、理解、接受;

(3) 3xx 表示重定向,需要后续操作才能完成这一请求;

(4) 4xx 表示请求错误,请求含有词法错误或者无法被执行;

(5) 5xx 表示服务器错误,服务器在处理某个正确请求时发生错误。

最常见的状态码 404,表示资源不存在,通常是用户请求的 URL 错误所致。另一个就是 200,表示请求成功。图 5-3 展示了浏览器中的请求成功情况,其中的状态码都是 200。

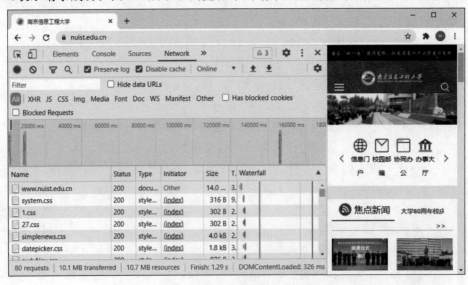

图 5-3　状态码

5.3 WSGI 接口

5.3.1　WSGI 接口简介

WSGI，全 称 Web Server Gateway Interface，或 者 Python Web Server Gateway Interface，是为 Python 语言定义的 Web 服务器和 Web 应用程序或框架之间的一种简单而通用的接口。

WSGI 是一个网关，负责在协议之间进行转换。它作为 Web 服务器与 Web 应用程序或应用框架之间的一种低级别接口，是基于现存的 CGI 标准而设计的。

很多框架都自带了 WSGI server ，例如 Flask，web.py，Django、CherryPy 等，性能不高，自带的 Web server 主要用于测试。正式发布时多使用生产环境的 WSGI server 或者 nginx＋uwsgi。

简而言之，WSGI 就像是一座桥梁，一边连着 Web 服务器，另一边连着用户的 application 应用。但是，这个桥的功能很弱，有时候还需要别的桥来帮忙才能进行处理。

WSGI 有两方：服务器或网关一方，以及应用程序或应用框架一方。服务方调用应用方，提供环境信息，以及一个回调函数（提供给应用程序用来将消息头传递给服务器方），并接收 Web 内容作为返回值。

所谓的 WSGI 中间件同时实现了 API 的两方，因此可以在 WSGI 服务和 WSGI 应用之间起调解作用：从 WSGI 服务器的角度来说，中间件扮演应用程序；而从应用程序的角度来说，中间件扮演服务器。

"中间件"组件可以执行以下功能：

（1）重写环境变量后，根据目标 URL，将请求消息路由到不同的应用对象；

（2）允许在一个进程中同时运行多个应用程序或应用框架；

（3）负载均衡和远程处理，通过在网络上转发请求和响应消息；

（4）进行内容后处理。

5.3.2　WSGI 接口示例

下面是一个简单的接口示例，如例 5-3 所示。

【例 5-3】　WSGI 应用示例

```
fromwsgiref.simple_server import make_server

defrun_server(environ, start_response):
    start_response('200 OK', [('Content-Type', 'text/html;charset=urf-8')])
    return [b'<h1>Hello,world!</h1>',]

def start():
    httpd =make_server('127.0.0.1', 9900, run_server)   # 启动监听服务,端口 9900
    print('listening 9900.....')
```

```
        httpd.serve_forever()

if __name__ =='__main__':
        start()
```

上例中,start()函数里面定义了一个服务器对象 httpd,该服务器基于 HTTP,127.0.0.1
表示本机 IP 地址,9900 就是监听端口,run_server 是一个处理函数。Serve_forever 方法表
示正式启动服务器,此时服务器一直处于被动监听状态。在 run_server 中有两个参数,其
中 environ 表示包含所有 HTTP 请求信息的 dict 对象,而 start_response 表示发送 HTTP
响应的函数。start_response 发送了 HTTP 响应头部,第一个参数是 HTTP 状态码,第二
个参数是 HTTP 头部信息,然后函数返回值作为 HTTP 响应的 Body 发送给浏览器。

接下来观察结果如何,首先需要将服务器启动起来(本例中服务端和客户端都在一台
机器上),运行上面的程序,当看到下面的运行结果表示运行成功:

```
listening 9900.....
```

此时,服务器已经处于监听状态,下面打开浏览器,在地址栏中输入 URL,如图 5-4
所示。

图 5-4　访问首页

如果能看到图 5-4 中的信息,说明成功了,此时如果查看源代码,就会发现网页的内容
就是从服务端写回的内容,如图 5-5 所示。

上面的代码只能作为初级演示用,实际上的 Web 应用远比其复杂,而复杂的 Web 应用
程序使用 WSGI 接口处理还是很麻烦的,在 WSGI 基础之上,一些用来简化 Web 开发的
Web 框架相继出现。

目前主流的 Python Web 框架主要有以下几种。

(1) Flask:热门轻量级 Web 框架。

(2) Django:全能型 Web 框架。

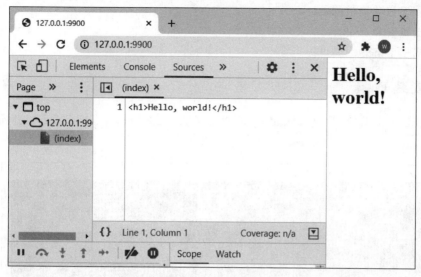

图 5-5　网页内容

（3）web.py：一个小巧的 Web 框架。

（4）Bottle：和 Flask 类似的 Web 框架。

（5）Tornado：Facebook 的开源异步 Web 框架。

其中，Flask 框架相对比较简单，同时也常用于中小型 Web 系统的开发，下面对其做简单介绍。

5.4 Flask 框架

5.4.1　Flask 框架简介

Flask 是一个用 Python 编写的 Web 应用程序框架，由 Armin Ronacher 开发，他领导一个名为 Pocco 的国际 Python 爱好者团队。Flask 基于 Werkzeug WSGI 工具包和 Jinja2 模板引擎，两者都属于 Pocco 项目。Werkzeug 是一个 WSGI 工具包，它实现了请求、响应对象和实用函数，可以在其上构建 Web 框架。Jinja2 是 Python 的一个流行的模板引擎。Web 模板系统将模板与特定数据源组合以呈现动态网页。

Flask 通常被称为微框架，它旨在保持应用程序的核心简单且可扩展。默认情况下，Flask 不包含数据库抽象层、表单验证，或是其他任何已有的库可以处理的功能。但是，Flask 可以通过为应用添加这些功能，如同是 Flask 原生功能一样。众多的扩展提供了数据库集成、表单验证、上传处理、各种各样的开放验证等功能。

总体来说，Flask 具有如下特点：

（1）良好的文档；

（2）丰富的插件；

（3）包含开发服务器和调试器；

（4）支持单元测试；

（5）RESTful 请求调度；

（6）支持安全 cookies；

（7）基于 Unicode 编码。

5.4.2　安装 Flask

安装 Flask 非常简单，进入 cmd 窗口，然后输入"pip3 install flask"就可以开始安装了，如图 5-6 所示。

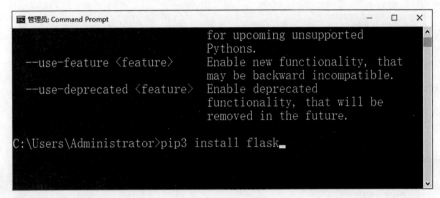

图 5-6　安装 Flask

5.4.3　简单 Flask 应用

接下来使用 Flask 开发一个最简单的 Web 程序，代码如例 5-4 所示。

【例 5-4】　Flask 示例

```
from flask import Flask
app =Flask(__name__)

@app.route('/')
defhello_world():
    return 'Hello World'

if __name__ =='__main__':
    app.run()
```

这里首先导入了 Flask 模块，然后使用 Flask 构造方法创建了一个 app 对象，该对象实际上就是 WSGI 应用程序。"@app.route('/')"是一个装饰器，给出了调用的 URL。当用户的前端请求符合该 URL 规则，就调用 hello_world() 函数，然后返回该函数的信息到客户端页面。Hello_world 函数也称为视图函数，通常用来处理用户的请求并返回结果。运行该程序，结果如图 5-7 所示。

结果可以看出，此时服务端运行起来了，并且在 5000 端口监听客户端发起的请求。打开浏览器，在地址栏中输入本地地址 localhost：5000，就可以得到结果，如图 5-8 所示。注意，端口号 5000 不可以省略。

```
* Serving Flask app "test" (lazy loading)
* Environment: production
  WARNING: This is a development server. Do not use it in a production deployment.
  Use a production WSGI server instead.
* Debug mode: off
* Running on http://127.0.0.1:5000/ (Press CTRL+C to quit)
```

图 5-7　服务端监听信息

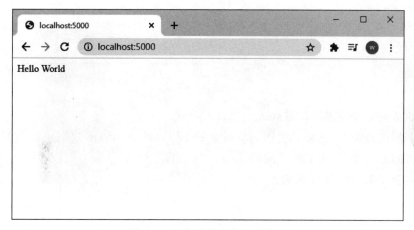

图 5-8　客户端获取服务端信息

5.4.4　路由

Flask 使用路由技术将 URL 与响应函数绑定,用户可以直接访问所需的页面,而无须从主页导航。例 5-4 中,route()装饰器用于将 URL 绑定到函数,用户输入“localhost:5000”或者“localhost:5000/”都可以正确访问。实际项目中,URL 请求需要有多种选择,那么就不能用这种方式访问了。例 5-5 为路由的示例。

【例 5-5】　路由示例

```
from flask import Flask
app = Flask(__name__)

@app.route('/hello')
def hello_world():
    return 'Hello World'

if __name__ == '__main__':
    app.run()
```

此时如果还是用刚才的方式访问,就会出现如图 5-9 所示错误页面。

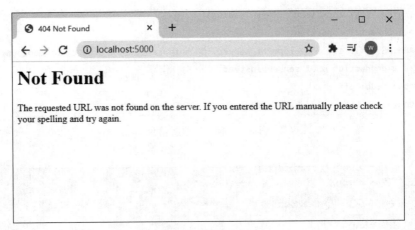

图 5-9　错误页面

正确的访问方式应该是：localhost:5000/hello。

如果不想用装饰器，也可以使用 app 对象的 add_url_rule() 函数来实现。例如要想实现上面的访问效果，可以将上例改成例 5-6。

【例 5-6】　add_url_rule 示例

```python
from flask import Flask


app = Flask(__name__)


defhello_world():
    return 'Hello World'


app.add_url_rule('/hello', view_func=hello_world)


if __name__ == '__main__':
    app.run()
```

另外，还可以动态构建 URL。在 URL 规则中添加变量部分，此变量使用<>包裹，作为关键字参数传递给与规则相关联的函数，参见例 5-7。

【例 5-7】　URL 变量示例

```python
from flask import Flask


app = Flask(__name__)


@app.route('/hello/<name>')
defhello_world(name):
    return 'hello %s!' % name


if __name__ == '__main__':
    app.run()
```

例 5-7 中,route()装饰器的规则参数包含附加到 URL '/hello' 的＜name＞。因此,如果在浏览器中输入 http://localhost:5000/hello/python 作为 URL,则字符串"python"将作为参数提供给 hello()函数,用户就会收到"hello python!"。如果输入 http://localhost:5000/hello/flask 作为 URL,那么消息就会变为"hello flask!"。

除了默认字符串 string 变量之外,还有几种常见的类型转换器。

(1) int:接受整数。

(2) float:接受正浮点数值。

(3) path:接受字符串,包括用作目录分隔符的斜杠。

(4) uuid:接受 UUID(通用唯一识别码)字符串。

动态构建路由还可以使用 url_for()函数,该函数对于动态构建特定函数的 URL 非常有用。该函数把函数名称作为第一个参数,可以接受一个或多个关键字参数,每个参数对应 URL 的变量部分,参见例 5-8。

【例 5-8】 url_for()函数示例

```
from flask import Flask, redirect,url_for
app =Flask(__name__)

@app.route('/python/')
defhello_python():
    return 'Hello python'

@app.route('/flask/<info>')
defhello_flask(info):
    return 'Hello %s ' %info

@app.route('/route/<name>')
def hello (name):
    if name =='python':
        return redirect(url_for('hello_python'))
    else:
        return redirect(url_for('hello_flask', info=name))

if __name__ =='__main__':
    app.run(debug=True)
```

上面的例子中,redirect()函数称为重定向函数,调用时,它返回一个响应对象,并将用户请求重定向到指定的另一个目标位置。url_for()函数用来动态构建一个 URL。此时用户可以使用之前的方式来访问上面两个函数,也可以使用"localhost:5000/route/python"来访问第一个函数,使用"localhost:5000/route/test"来访问第二个函数。

5.4.5 模板

例 5-8 中,用户只能得到很简单的信息。实际项目中往往需要能够显示复杂信息,那么就需要使用 HTML 技术结合 Flask 模板生成动态内容。如前文所述,视图函数的主要作用是处理请求,并返回响应内容。响应内容可以是普通字符串,也可以是 HTML 字符串,例 5-9 返回一个列表。

【例 5-9】　模板示例

```
from flask import Flask, redirect,url_for

app =Flask(__name__)

@app.route('/')
defdisplay_list():
    return '''
        <h1>这是一个标题。</h1>
        <p>这是一个段落。</p>
        <p>这是另一个段落。</p>
    '''

if __name__ =='__main__':
    app.run(debug=True)
```

此时就会显示图 5-10 中的内容。

图 5-10　模板实例

实际上,这种做法也不是很好。在大型应用中,把业务逻辑和表现内容放在一起,会使得代码可读性变得很差,不容易维护,可以使用模板来解决这个问题。

模板是一个包含响应文本的文件,其中用占位符(变量)表示动态部分,告诉模板引擎其具体的值需要从使用的数据中获取,使用真实值替换变量,再返回最终得到的字符串,这个过程称为“渲染”。Flask 使用 Jinja2 模板引擎来渲染模板。使用模板的好处是视图函数只负责业务逻辑和数据处理(业务逻辑),而模板把视图函数的数据结果展示出来(视图),这样代码结构清晰,耦合度低。接下来学习如何使用模板优化刚才的例子。

首先,在项目中创建一个新文件夹,名为 templates,所有的模板文件都存放于此文件夹。然后创建一个 HTML 文件,名为 hello.html,内容如例 5-10。

【例 5-10】　模板客户端

```
<!DOCTYPE html>
<htmllang="en">
<head>
    <meta charset="UTF-8">
    <title>Title</title>
</head>
<body>
    <h1>{{heading}}</h1>
    <p>{{para1}}</p>
    <p>{{para2}}</p>
</body>
</html>
```

这里,使用两层花括号包裹一个变量名,此变量名在渲染之后将被替换为实际从后端发回来的数据。然后,将上面的 Flask 示例修改如例 5-11 所示。

【例 5-11】　模板服务端

```
from flask import Flask,render_template

app =Flask(__name__)

@app.route('/')
defdisplay_list():
    heading ='这是一个标题'
    para1 ='这是一个标题'
    para2 ='这是另一个标题'
    returnrender_template('hello.html', heading=heading, para1=para1, para2=para2)

if __name__ =='__main__':
    app.run(debug=True)
```

运行结果和之前没有变化,但项目的结果发生了很大变化,业务逻辑在 Python 代码中,而显示信息交给前端页面负责。这样"各司其职"的思路使得代码变得非常清晰。

5.4.6　Web 对象

接下来介绍几个常见的 Flask 对象,这些对象也对应了 Web 开发中常见的概念。

1. request 对象

request 对象代表一个来自客户端网页的数据对象,包含了许多重要信息。request 对象的重要属性如下。

(1) form:一个字典对象,包含表单参数及其值的键-值对。

(2) args:解析查询字符串的内容,它是问号之后的 URL 的一部分。

（3）cookies：保存 cookie 名称和值的字典对象。

（4）files：与上传文件有关的数据。

（5）method：当前请求方法。

使用 request 对象可以将用户的表单数据提交到服务端并处理。将前文例 5-2 修改如例 5-12 所示。

【例 5-12】 **request** 对象登录页面示例

```html
<!DOCTYPE html>
<htmllang="en">
<head>
    <meta charset="UTF-8">
    <title>Title</title>
</head>
<body>
<form action="localhost:5000/login" method="post">
    用户名:<br>
    <input type="text" name="username" placeholder="输入用户名">
    <br>
    密码:<br>
    <input type="password" name="password" placeholder="输入密码">
    <br><br>
    <input type="submit" value="登录">
    <input type="reset" value="重置">
</form>
</body>
</html>
```

然后，在 templates 文件夹下添加一个新的 HTML 文件，内容如例 5-13 所示。

【例 5-13】 **ruquest** 对象欢迎页面示例

```html
<!DOCTYPE html>
<htmllang="en">
<head>
    <meta charset="UTF-8">
    <title>Title</title>
</head>
<body>
    {%if success %}
    <h1>欢迎您！{{user}}</h1>
    {%else %}
    <h1>登录失败！请重新<a href="http://localhost:5000/">登录</a></h1>
    {%endif %}
</body>
</html>
```

该文件用来根据用户不同的登录情况显示不同的信息，如果服务器返回 success，则显示欢迎信息,否则显示登录失败信息,并给出重新登录的链接。

此时,服务器端的代码也要做修改,内容如例 5-14 所示。

【例 5-14】　request 对象服务端示例

```python
from flask import Flask, render_template, request


app = Flask(__name__)


@app.route('/login/', methods=['POST', 'GET'])
def login():
    result = request.form
    username = result['username']
    password = result['password']
    if username == 'admin' and password == '111':
        success = True
    else:
        success = False
    returnrender_template('hello.html', success=success, user=username)


@app.route('/', methods=['POST', 'GET'])
def index():
    returnrender_template('form.html')


if __name__ == '__main__':
    app.run(debug=True)
```

上面的代码中有两个函数分别用来处理两个请求,当用户输入“http:\\127.0.0.1:5000\”时,服务器返回 form.html 内容。此时用户填写该表单;当单击“提交”按钮时,另一个函数 login() 负责处理用户的请求。由于客户端使用的是 POST 提交方式,所以用户输入的信息将由 request 对象的 form 属性携带,根据信息名称就可以获取用户的信息,然后根据信息判断是否成功登录(这里为简单起见,假设有唯一账号,用户名为 admin,对应密码为“111”),最后将信息发回给客户端页面。

2. cookie 和 response 对象

cookie 以文本文件的形式存储在客户端的计算机上,其目的是记住和跟踪与客户使用相关的数据,以提供更好的访问体验并获得网站统计信息。

response 对象负责接收经过视图函数处理后的返回数据,将其解析编码成 HTTP 要求的数据格式,然后在调用 HTTP 服务器的回调函数同时将数据返回给客户端。Flask 提供了 make_response() 方法产生一个 response 对象,该方法的参数可以是一个简单的字符串,也可以是 render_template 的结果。

Request 对象包含 cookie 的属性。它是所有 cookie 变量及其对应值的字典对象,客户端已传输。除此之外,cookie 还存储网站的到期时间、路径和域名。

设置 cookie 的值需要使用 response 对象的 set_cookie 方法,该方法的格式如下:

```
response.set_cookie(key,value[,max_age=None,expires=None)]
```

可以看出,每个 cookie 是一个字典对象。max_age 指定 cookie 有效期,expires 参数指定过期时间,可以指定一个具体日期时间。max_age 和 expires 两个选一个指定。

如果要删除一个 cookie,则使用 response 对象 delete_cookie 方法。该方法的格式如下:

```
response.delete_cookie(key)
```

但是如果是读取 cookie 值,则需要使用 request 对象的 get 方法。格式如下:

```
request.cookies.get(key)
```

接下来改造登录的例子,增加记住密码功能。使用 cookie 保存密码到客户端,使得用户如果勾选了"记住密码"复选框,那么刷新页面之后,用户名和密码将会被自动填写在用户的登录页面上。登录页面修改如例 5-15 所示。

【例 5-15】 cookie 对象登录页面示例

```
<!DOCTYPE html>
<htmllang="en">
<head>
    <meta charset="UTF-8">
    <title>Title</title>
</head>
<body>
<form action="http://localhost:5000/login/" method="post">
    用户名:<br>
    <input type="text" name="username" placeholder="输入用户名" value="{{username}}">
    <br>
    密码:<br>
    <input type="password" name="password" placeholder="输入密码" value="{{password}}">
    <br>
    <input type="checkbox" name="save_account">记住密码<br>
    <input type="submit" value="登录">
    <input type="reset" value="重置">
</form>
</body>
</html>
```

对比之前的登录页面可以看出,现在增加了一个"记住密码"复选框。接下来服务端也要修改,代码如例 5-16。

【例 5-16】 cookie 对象服务端示例

```
from flask import Flask,render_template, request, make_response, redirect, url_for

app = Flask(__name__)
```

```python
@app.route('/login/', methods=['POST', 'GET'])
def login():
    result = request.form
    username = result['username']
    password = result['password']
    try:
        save_account = result['save_account']
    except:
        save_account = None
    if username == 'admin' and password == '111':
        success = True
    else:
        success = False
    response = make_response(render_template('hello.html', success=success, user=username))
    ifsave_account:
        response.set_cookie('username', username, max_age=3600)
        response.set_cookie('password', password, max_age=3600)
    else:
        response.delete_cookie("username")
        response.delete_cookie("password")
    return response


@app.route('/', methods=['POST', 'GET'])
def index():
    username = request.cookies.get('username', '')
    password = request.cookies.get('password', '')
    returnrender_template('form.html', username=username, password=password)


if __name__ == '__main__':
    app.run(debug=True)
```

上述代码中，login()方法添加了 save_account 参数的获取。这里需要注意的是，如果用户没有勾选"记住密码"复选框，那么会抛出异常。接着使用 make_response 方法创建 response 对象，如果用户勾选了"记住密码"复选框，则使用 response 对象的 set_cookie 方法将信息存储，否则删除 cookie。

3. session 对象

与 cookie 不同，session(会话)数据存储在服务器上。会话是客户端登录到服务器并注销服务器的时间间隔。需要在该会话中保存的数据会存储在服务器上的临时目录中。

session 和 cookie 的作用有些类似，都是为了存储用户相关的信息。不同的是，cookie 是存储在本地浏览器的，session 是一个思路、一个概念、一个服务器存储授权信息的解决方案，对于不同的服务器、不同的框架、不同的语言有不同的实现。虽然实现不一样，但是他们的目的都是为了服务器方便存储数据。session 的出现是为了解决 cookie 存储数据不安全的问题，为每个客户端的会话分配会话 ID。会话数据存储在 cookie 的顶部，服务器以加密方式对其进行签名。Flask 应用程序需要定义一个 SECRET_KEY。session 对象也是一个字典对象，包含会话变量和关联值的键值对。

现在继续对之前登录页面添加新功能，如果用户成功登录过系统，那么将该用户的信息记录在会话对象中，如果用户想要登录系统，那么就直接跳过登录页面，显示系统欢迎页面。服务端的代码修改如例 5-17 所示。

【例 5-17】 session 对象服务端示例

```python
from flask import Flask, render_template, request, make_response, session

app = Flask(__name__)
app.secret_key = 'fkdjsafjdkfdlkjfadskjfadskljdsfklj'

@app.route('/login/', methods=['POST', 'GET'])
def login():
    result = request.form
    username = result['username']
    password = result['password']
    try:
        save_account = result['save_account']
    except:
        save_account = None
    if username == 'admin' and password == '111':
        success = True
        session['username'] = username
    else:
        success = False
    response = make_response(render_template('hello.html', success=success, user=username))
    if save_account:
        response.set_cookie('username', username, max_age=3600)
        response.set_cookie('password', password, max_age=3600)
    else:
        response.delete_cookie("username")
        response.delete_cookie("password")
    return response

@app.route('/', methods=['POST', 'GET'])
def index():
    if 'username' in session:
        username = session['username']
        return render_template('hello.html', success='success', user=username)
    else:
        username = request.cookies.get('username', '')
        password = request.cookies.get('password', '')
        return render_template('form.html', username=username, password=password)
```

```
if __name__ =='__main__':
    app.run(debug=True)
```

观察上面的代码可以发现，例 5-17 较例 5-16 主要有三处修改。第一处就是增加 app.secret_key，它可以是一个长度足够的随机字符串。第二处就是当用户成功登录后，将用户名保存到会话中。最后一处是当用户再次想要登录时检查会话是否存在，如果存在就直接跳转。

小结

本章主要介绍了使用 Python 进行 Web 编程的基本技术。Web 编程的重要性随着 Web 程序的不断普及变得愈加重要，因此成为 Python 编程爱好者必须掌握的基本技能之一。

本章首先介绍了学习 Web 编程必须掌握的基础知识，HTML 语言是编写 Web 页面的主要语言，使用它可以将内容呈现在页面上。HTTP 可以让编程者了解客户端和服务端如何交互完成数据的请求过程。URL 用来表示请求的主要格式，理解它才能表示请求的数据和资源。

Web 编程的重要基础就是 WSGI 接口。WSGI 接口就像是一座桥梁，一边连着 Web 服务器，另一边连着用户的应用。通过它，可方便地进行 Web 信息的发送和接收。

Flask 框架是一个基于 WSGI 接口的轻量级 Web 应用框架。它比较简洁，但又具有很好的扩展性，对比 Django 框架灵活度更高，可以方便用户添加自己的设计，所以比较适合编写逻辑不太复杂的 Web 项目。本章通过该框架介绍了 Web 开发中的一些基本概念和知识，例如 request 对象、response 和 cookie 对象、session 对象等。读者学会了这些之后，再去学习更加复杂的框架，例如 Django，就容易多了。

习题

1. Python 有哪些常见的 Web 编程框架？
2. 简述 URL 每部分的作用。
3. 简述 Web 程序中浏览器和服务器之间的交互过程。
4. 什么是 WSGI 接口？它有什么作用？
5. 简述 Flask 框架中的基本技术和工具包。
6. 简述 Web 程序中 cookie 对象和 session 对象的相同和不同之处。
7. Flask 框架中 response 对象和 request 对象的作用分别是什么？
8. 在本章的例子中增加一个注册页面，用户提交注册信息后，服务端需要将该信息存储于 session 中，并能够实现该账号的成功登录。
9. 进一步丰富本章示例，使得为系统增加数据库、数据库中添加用户表、用户的登录和注册等操作都可以基于数据库进行。

参 考 文 献

[1] EIRC M. Python 编程从入门到实践[M]. 袁国忠,译. 2 版. 北京：人民邮电出版社,2017.

[2] WESLEY C. Python 核心编程[M]. 孙波翔,李斌,李晗,译. 3 版. 北京：人民邮电出版社,2016.

[3] SUNIL K. Python 代码整洁之道：编写优雅的代码[M]. 连少华,译. 北京：机械工业出版社,2020.

[4] JAKE V. Python 数据科学手册[M]. 陶俊杰,陈小莉,译. 北京：人民邮电出版社,2018.

[5] 林信良. Python 编程技术手册[M]. 北京：中国水利水电出版社,2020.

[6] 比斯利,琼斯. Python Cookbook[M]. 陈舸,译. 3 版. 北京：人民邮电出版社,2015.

[7] MARK L. Python 学习手册[M]. 秦鹤,林明,译. 5 版. 北京：机械工业出版社,2018.

[8] 斯维加特. Python 编程快速上手让繁琐工作自动化[M]. 王海鹏,译. 北京：人民邮电出版社,2016.

[9] LUCIANO R. 流畅的 Python[M]. 安道,吴珂,译. 北京：人民邮电出版社,2017.

[10] MAGNUS L H. Python 基础教程[M]. 袁国忠,译. 3 版. 北京：人民邮电出版社,2018.

[11] 嵩天,礼欣,黄天羽. Python 语言程序设计基础[M]. 2 版. 北京：高等教育出版社,2017.

[12] DOUG H. Python 3 标准库[M]. 苏金国,李璜,译. 北京：机械工业出版社,2018.

[13] 李刚. 疯狂 Python 讲义[M]. 北京：电子工业出版社,2018.

[14] 李佳宇. 零基础入门学习 Python[M]. 2 版. 北京：清华大学出版社,2019.

[15] 王启明,罗从良. Python 3.6 零基础入门与实战[M]. 北京：清华大学出版社,2018.

[16] 约翰·策勒. Python 程序设计[M]. 3 版. 王海鹏,译. 北京：人民邮电出版社,2018.

[17] 徐庆丰. Python 常用算法手册[M]. 北京：中国铁道出版社,2020.

[18] 陈波,刘慧君. Python 编程基础及应用[M]. 北京：高等教育出版社,2020.

[19] 陈春晖. Python 程序设计[M]. 杭州：浙江大学出版社,2019.

[20] 韦世东. Python 3 网络爬虫宝典[M]. 北京：电子工业出版社,2020.

[21] 卢布诺维克. Python 语言及其应用[M]. 丁嘉瑞,梁杰,禹常隆,译. 北京：人民邮电出版社,2015.

[22] 董付国. Python 程序设计基础与应用[M]. 北京：机械工业出版社,2018.

[23] 王立峰,惠新遥,高杉. 面向应用的 Python 程序设计[M]. 北京：机械工业出版社,2020.

[24] The SciPy community. NumPy v1. 19 Manual[EB/OL]. [2020-06-29]. https://numpy. org/doc/stable/.

[25] The pandas development team. pandas documentation. [EB/OL]. [2020-11-26]. https://pandas. pydata. org/docs/.

[26] Python Software Foundation. turtle ---海龟绘图. [EB/OL]. [2020-12-29]. https://docs. python. org/zh-cn/3/library/turtle. html

[27] John H,Eric F,Michael D,et al. Matplotlib Release 3.3.3 . [EB/OL]. [2020-11-22]. https://matplotlib. org/Matplotlib. pdf.

[28] 汤小丹,梁红兵,哲凤屏,等. 计算机操作系统[M]. 4 版. 西安：西安电子科技大学出版社,2018.

[29] 西尔伯沙茨,高尔文,加涅. 操作系统概念[M]. 郑扣根,唐杰,李善平,译. 北京：机械工业出版社,2020.

[30] Pallets. Flash Document v1.1 [EB/OL]. [2021-03-14]. https://flask. palletsprojects. com/.